超 图 解 心 情 调 节 术

别让坏情绪,赶走好运气

[日] **和田秀树** / 著

蔡晓智 / 译

北京联合出版公司

Beijing United Publishing Co.,Ltd.

你是不是只在意"别人会怎么想"

　　不知为什么，她总会任身边的人摆布，一直配合迁就对方，自己的事总是往后推。

　　这本漫画中登场的"她"这样的人都有着一些共同点。

　　总是想着"不想被排挤""不想被人讨厌"，所以就会对身边的人察言观色。

　　对别人察言观色，太在意别人会怎么看自己，就会经常背叛自己的感情，结果就是总会让自己不高兴。

　　其实，最重要的还是忠于自己的感情，有时可以果断拒绝身边人的要求。

认识到自己"性格的不足"

他总会因为别人的行为焦虑烦躁，想发牢骚——是不是因为他认定只有自己的"常识"才是正确的?

任何人的性格都有不足之处。例如有人对时间特别敏感，别人迟到一点点，他就会非常在意，马上焦虑烦躁。

也就是说，烦躁真正的原因也许在自己。

所以，重要的是认识到自己性格的不足。

如果一个人能认识到自己性格的不足，就不会执拗于自己的"常识"，也就不会总是责难他人，便可以避免不快发生。

我们不知道别人内心的
想法是很正常的

在游乐场突然火冒三丈的他，到底是怎么了？

这是他的心声：

"昨天我在公司被领导训斥了，很不高兴。她应该体察到我的不高兴，好言安慰才对。"

而实际情况是女朋友非常困惑。

不需要用任何语言表达，自己的想法就能让对方心领神会，亲密的人之间就该如此——这种想法是很幼稚任性的。

因为自己的幼稚任性迁怒他人是毫无道理的，一个人内心的真实想法是他人难以理解的，明白这一点是让自己高兴起来的第一步。

8

比较心过重，就容易忽喜忽悲

任何时候都要和别人比较一番，分出高下，并因此忽喜忽悲——这样的人你身边应该也有吧。

一个人如果养成了以胜负判断一切的习惯，输的时候当然就会不高兴；而赢的时候也想着要一直赢，但这是不可能的，所以，这样的人总是无法摆脱精神压力。

最终结果就是无法摆脱内心的不快。

请不要被世俗的胜负标准束缚。

幸福的基准是由自己决定的。不要以胜负来左右自己的立场和行为，这样就能让自己远离不快。

◆ 序

你有没有觉得最近控制不了情绪、不高兴的人越来越多了?

到处都是讲解"调整情绪""控制情绪""不要情绪化"等技巧的书籍和讲座,这就是证据。

这些书籍和讲座会让人觉得当情绪不好时,应该努力让自己像修行的僧侣一样心如止水。

说实话,我自己就是一个很情绪化的人,性子很急,会因一点小事而焦躁。虽然我确实容易情绪化,但我觉得自己很少会被情绪控制而犯错。

我有几个控制情绪的秘诀:

第一个,认识到"自己比别人性子急",承认自己性格的不足,就可以制怒。

第二个,不认为自己的想法就是绝对真理,承认其他的可能性,不过分执拗于对错就不会有精神压力。

第三个,重视结果,只要最后对自己有益即可。这样考虑的话,就不会抗拒偶尔向人低头服输。

如上所述，人有时会不高兴很正常，重要的不是让自己没有情绪，而是要确保自己不被情绪所左右。

如果可以的话，最好让高兴的时间比不高兴的时间多一些。

一直闷闷不乐会让人免疫力下降，很容易生病。相反，如果保持心情舒畅免疫力则会提升，你便可以健健康康地生活。

所以，我在本书中除了讲到很多如何消除不快和精神压力的技巧，也谈了不少怎样让人高兴的技巧。你现在可以马上把这些技巧付诸实践，而不是推到明天。

之前，我从精神科医生的角度在几本著作中提出了"如何不受情绪左右，让人际交往和工作顺利"的方法。在本书中，我将这些方法的精华用丰富的图解清楚易懂地做了归纳。我很自信，这本书应该可以称得上是和田式心情调节术的"最佳版本"。

我想读者在阅读本书时应该可以亲身体会到自己情绪的积极变化。

希望本书对你拉开快乐人生的帷幕会有所帮助！

和田秀树

◆ 目录

第❶章　心理和大脑的机能

我们不得不了解的心理和大脑的10项机能

第❷章 摆脱感情用事的思考术

杜绝感情用事，回归理智思考的8个诀窍

第❸章 决不能这么做！——这是会增加压力的行为和思维方式

改变精神压力过大而导致情绪低落的7个方针

第❹章 让自己每天都快乐

每一天都快乐度过的9种技巧

实践章 · 现在马上改变心情！
——和田式心情调节术

结语

第 **1** 章

心理和大脑的机能

我们不得不了解的心理和大脑的
10 项机能

人有情绪再正常不过。
但是如果不会控制，
那就只能沦为情绪动物。

Point1

控制情绪，克制自己

任怒气冲昏头脑、出口伤
人，会使人际关系恶化。

Point2

不要受情绪左右

有负面情绪时，考虑是否可
以把引发负面情绪的起因变
成机会。

Point3

有没有面露不悦

容易怒形于色的人要养成
察觉自己情绪的习惯。

Point4

知足

知足会让我们内心安宁。

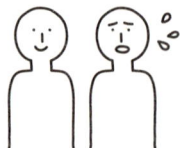

Point5

不介意"别人会怎么想"

如果总想着"不想被别人讨厌"，就会受别人左右。

Point6

明白"过去无法改变"

不要再为过去的事烦恼，以后多注意即可。

Point7

"你担心的事不会发生"

你担心的事大部分都不会发生，对于实在想不出办法的问题无须纠结。

Point8

不要对他人抱有负面情绪

情绪有反弹的规律，负面情绪只会得到负面响应。

Point9

任何工作都要积极应对

被安排费力不讨好的工作时，情绪化很明显，就仿佛一直和这些工作有不解之缘。

Point10

凡事预设"多个答案"

世上有各种各样的真理。心胸开阔，让自己的价值观多元化。

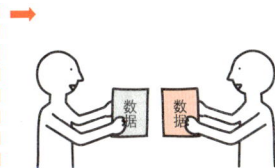

1

不能掌控情绪的人，
也无法掌控自己的人生

★ 感情外露的人更招人喜欢
★ 喜怒哀乐会让人充满朝气
★ 不能控制自己的情绪会使人际关系恶化

感情外露的人更招人喜欢

人这种生物有着各种各样的情绪。遇到好事会开心，遇到不高兴的事会生气，这再正常不过。

这世界上，比起感情从不外露，让人捉摸不透的人，感情外露的人更容易让人心生好感。

在电影、电视剧中，感情丰富的人经常被塑造成有亲和力的角色。例如电影《男人不容易》里的主人公寅先生，他和别人吵架时会情绪激动，失恋时会无精打采，是一个感情丰富的人。这也正是他的魅力所在。

表达情绪本身并没有什么不好，特别是表达快乐、喜悦的情绪时，整个人看起来兴高采烈，很容易让人喜欢。

人感受到喜怒哀乐时，位于大脑新皮质的前额叶部分开始工作，这会使人精力充沛，智力提高，有让人保持活力的效果。

所以，表达情绪没有问题，问题在于是否会感情用事做出不当行为。

"控制情绪"是什么意思呢

不能控制情绪的人，心里经常会不安、愤怒，总是郁郁寡欢，导致精神压力积压；一旦爆发，就可能做出不当行为。

比如，过于愤怒而动手打人、出口伤人，都会引起麻烦。这些行为会使其人际关系恶化，生活也会更不易。

控制情绪不是让自己没有情绪，而是克制自己不要在有情绪时做出不当行为。

能够控制好情绪的人，可以和别人顺利交往，也可以集中精力应对工作和学习，所以经常会做出不错的成绩。

读者首先应该明白，能否控制情绪会让人生产生巨大差异。

正面情绪可以积极表达！

表达情绪本身并无不妥，重要的是不要做出不当行为

⭕ 能控制情绪的人

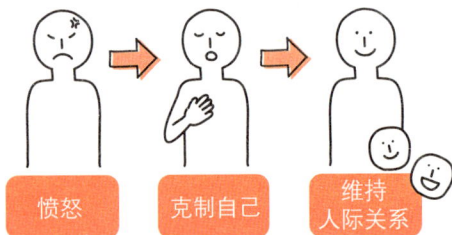

愤怒 → 克制自己 → 维持人际关系

❌ 不能控制情绪的人

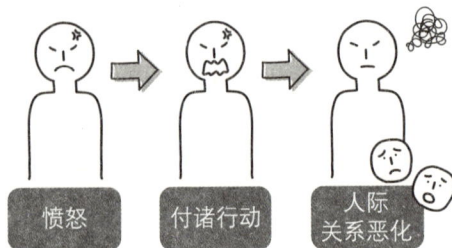

愤怒 → 付诸行动 → 人际关系恶化

2　不要被情绪左右，
而要让它为己所用

> ★ 有负面情绪也没有关系
> ★ 可以把负面情绪变成机会
> ★ 如果被情绪支配，事情就会不顺利

负面情绪是进步的原动力

"听说同期进入职场的人发迹了，嫉妒得不得了。"

"一想到要一直一个人生活，忽然就觉得很寂寞。"

当我们面对某些情况时，会有嫉妒、不安等负面情绪。

我在前面说过，有情绪本身并无不妥，即使是负面情绪也一样。因为负面情绪也会成为让人进步的原动力。

我们试着分析一下担心这种情绪。

我经常有机会倾听高考考生的烦恼。

有个考生这样抱怨道：

"我虽然拼命学习，但还是担心得不得了。"

我是这样回答他的：

"担心绝不是坏事。如果你不担心的话，根本就不会学

习。所以，不要考虑怎样消除担心，反而应该把它作为学习的动力。"

人正是因为感到不安、担心，才会为了将来努力学习；因为输了觉得不甘心，才会想努力超过他人而出人头地。情绪可以赋予行动以动机。

有的人会受到情绪左右，有的人不会

有负面情绪绝非坏事，可以努力把负面情绪变成机会。而事实上很多人无法控制负面情绪。

"一想到可能会不及格，光顾担心了，根本学不进去。"

"考试时太恐慌了，根本答不出问题。"

——这就是受情绪左右的表现。

如果受情绪左右，无法将工作做好，人生就不能遂心如意。相反，能控制情绪的人可以把事情做好，会让工作和个人生活都充实圆满。

会受情绪左右的人需要尽早摆脱这种境况。

正因为有负面情绪，人才会进步。

不要受情绪左右，
而要控制好情绪为我所用

担心

自己也许会
一直单身。

公司也许
会倒闭。

有负面情绪再正常不过

一定要比朋友
先找到男（女）
朋友。

一定要通过
资格考试。

人可以将负面情绪变成机会，
努力让自己进步

3

控制不了情绪的人
满脸写着"不高兴"

> ★ 控制不了自己情绪的人会怒形于色
> ★ 怒形于色只会让自己吃亏
> ★ 养成先弄清楚自己情绪的习惯很重要

总是怒形于色的人会陷入恶性循环

如果一个人控制不了自己的情绪，总是怒形于色，对人对事都很挑剔，就不会有人愿意接近他。即使他头衔再高、成就再大，也会被人贴上难相处、不成熟的标签。

总是怒形于色的人不仅会让人敬而远之，甚至能力和水平也会被人低估。

怒形于色的人还会让人产生排斥心理，觉得这个人很无能，结果他就会交不到朋友，得不到机会，做不出成绩，口碑会更差……陷入恶性循环无法自拔。

很多容易怒形于色的人并没有意识到自己的问题。因为他们不了解自己的情绪，所以一有情绪会马上反映在脸上。

他们自然不会明白身边的人为什么对自己敬而远之，只能任凭情况越来越糟。

要养成了解自己情绪的习惯

容易怒形于色的人首先应该弄清楚自己的情绪。

"听到那个家伙吹牛很嫉妒！"

"工作中的困难让我感到焦虑！"

——弄清楚自己的情绪是控制情绪的第一步。

人本该最了解自己的情绪，但实际上很多时候并非如此。特别是上班族，经常需要控制情绪，在他们身上这种倾向就会更明显。

我们首先要尝试养成弄清楚自己情绪的习惯。只要每天想到这个问题时考虑一下：现在我的情绪怎样呢？也可以尝试在晚上独处时回顾一下自己一天的情绪变化。

弄清楚自己的情绪就能知道自己什么时候会不高兴，这样可以避免为不必要的事情生气。

绷着脸会被人看轻。

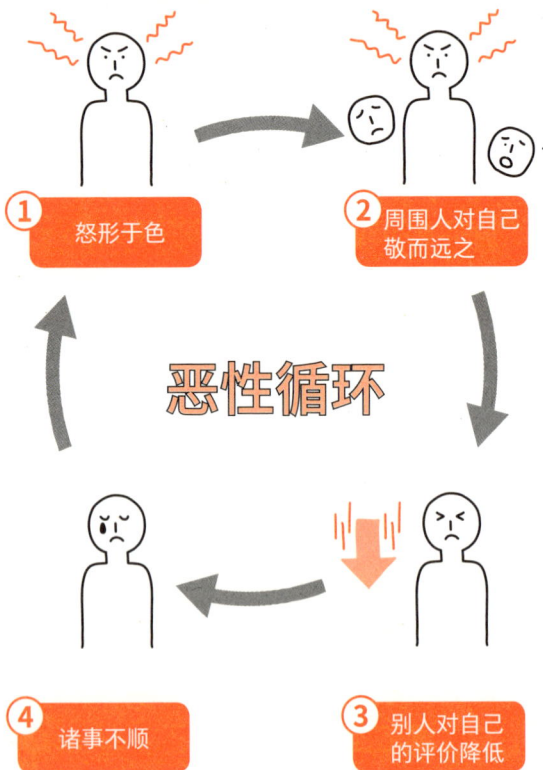

总是怒形于色的人会诸事不顺

① 怒形于色

② 周围人对自己敬而远之

恶性循环

③ 别人对自己的评价降低

④ 诸事不顺

4 情感需求得不到满足的人容易生气

★ 被周围人忽视的人容易生气
★ 精神富足、经济宽裕的人很少会生气
★ 重要的是置身于任何环境都能知足

情感需求得到满足的人和没有得到满足的人的区别

对现代美国精神分析学有着巨大影响的精神科医生科胡特（Heinz Kohut）说过："人在自己的情感需求得不到满足时，很容易生气。"

特别是童年时期没有得到父母足够关爱的人、被家人朋友忽视的人、工作不顺利的人，都属于情感需求没有得到满足的人。这些情感需求没有得到满足的人，在生活中只要遇到一点点小问题，马上就会勃然大怒。

电车晚点一小会儿，就会脸红脖子粗地和车站工作人员争辩，在外就餐时上菜慢一点就对服务员大发雷霆——这是他们惯常的做法。

对车站工作人员和服务员疾言厉色的做法，和"我是客人，就该高人一等"的观点如出一辙。

当对方道歉说"实在对不起"时，他就会觉得自己果然了不起，情感需求暂时会得到满足。

但是通过发火让情感需求得到满足的做法有很大风险。因为这样很可能会造成对方的不愉快，说不定反过来自己会受到指责，成为被大家抨击的对象。

情感需求得到满足的人不会有焦虑不安的情绪

如果一个人经济条件宽松，开开心心地工作，享受着爱好带来的乐趣，人际关系也很和谐，又会怎样呢？

这样的人情感需求得到了满足，经济条件宽松，精神富足，日常生活中很少会生气。

他们会理解电车晚点或上菜慢的情况，觉得"这样的情况也正常"，不会放在心上。

并非具备"年收入超过多少""有多少多少朋友"这些客观条件才会让人的情感需求得到满足。家财万贯或高朋满座的人当中，情感需求没有得到满足的大有人在。

关键在于自己是否置身任何环境时都会觉得"我的情感需求得到了满足"。

大家一定要弄清楚一点,在生活和人际交往中得到满足的人和得不到满足的人有着巨大差异。

> **如果自我情感需求得到满足,焦虑感就会大大降低。**

是否容易生气取决于"情感需求是否得到满足"

情感需求没有得到满足的人

> 实在对不起啊！

> 让我等这么久，我很不满意！

这是要通过"高人一等"的认知
才能让情感需求得到满足的表现

情感需求得到满足的人

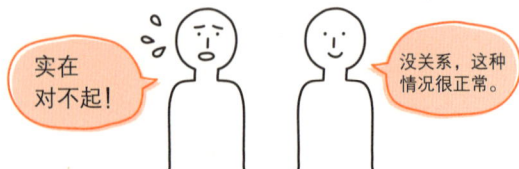

> 实在对不起！

> 没关系，这种情况很正常。

情感需求得到满足的人，
不会因为一点儿小事生气

5

委屈自己讨好别人的人
快乐不起来

★ 人越想着"不想让别人讨厌"，越会迁就别人
★ 迁就别人就会违背自己的意愿
★ 违背自己的意愿就会给自己添堵

为什么有些人会任人摆布

A 是一位职业女性，在东京都内工作。她觉得自己的工作很有意义，每天过得非常充实。但她也有烦恼，就是关于职场的人际关系。

公司里包括 A 在内有四个女孩子，年龄相仿，她们经常一起吃午饭，周围人都觉得她们亲如姐妹。

A 不讨厌另外三个人，但周末她们频繁地邀约，还是让 A 感到头疼不已。

"虽然在公司关系确实很好，可不想连周末也要待在一起啊。"

其他三个人却不知道 A 的真实想法，每个周末都要约她。

"周末一起去镰仓玩吧！"

"有部好电影上映了，一起去看吧！"

就算A说"这周忙坏了，想在家休息"，另外三个人依然坚持，最终A还是会跟她们一起出去。

一外出就会去其他三个人想去的地方，A自然不痛快。

"难以开口拒绝" 是因为害怕会受到排挤

A违背自己的意愿也要和大家一起行动，简单来说，就是因为她"不想被排挤""不想被人讨厌"。有这样的想法是因为她害怕会受到排挤，失去在圈子里的位置。

如果A不想让自己不快，不想去时最好干脆拒绝："这次我不去了。"

偶尔拒绝对方，依然是好朋友的朋友，才是真正的朋友。

但是A根本没有勇气拒绝，因为她没有信心，害怕拒绝了别人就不再是这个圈子里的一员。

　　像Ａ一样容易不高兴的人，会比其他人更在意对方的想法。而且会首先考虑别人对自己的看法，而不是先考虑自己的感受。

　　总是对身边的人察言观色，迎合他人的期望，就会背叛自己的感情，结果就是总让自己不快。

> 拒绝一两次也没关系，那才是真正的朋友。

6

如果你一直情绪低落，要警惕是否陷入了自责的泥潭

> ★ 想起过去发生的事，情绪低落难以释怀
> ★ 情绪久久不能释怀可能会生病
> ★ 明白"过去无法改变"很重要

有时人会陷入负面情绪的泥潭难以释怀

我在前面说过，任何人都会有负面情绪。但是，负面情绪持续时间的长短却因人而异。

例如，受到上司严厉斥责时，有的人只是当时那一会儿情绪低落，转眼马上就会自我开解："耿耿于怀也没什么用啊！"但是，有的人就会一直情绪低落难以释怀，迟迟无法恢复。

精神科医生森田正马认为，人的情绪变化是有规律的，就像箭射出后的运动轨迹，先骤然上升，到一定程度后会慢慢下降，最终消失。

简单地说，就是愤怒和悲伤的情绪都会随着时间的流逝而平复。

但是，负面情绪难以释怀的人总会想起过去发生的事，不经意间就会回想起上司责备自己的场面，情绪又会低落。

人如果长期有负面情绪难以释怀，可能会导致免疫功能下降，还可能会患上抑郁症，体质也会变差。

说到底，擅长处理情绪而不受情绪左右的能力是快乐生活所必需的。

即使烦恼，过去依然无法改变

不想对过去的事耿耿于怀，应该怎么做呢？

最重要的就是明白"过去无法改变"。

我前面谈到的森田正马所创的森田疗法，从不研究如何解决患者过去的问题，像"幼儿时期的心理创伤如何恢复"这类问题。

对于无法改变的过去，烦恼也无用。所以不要被过去牵绊。

"工作中犯了错被上司训斥了，我真是个没用的人。"

——如果这样悲观，那么受到来自过去的束缚会越来越多。

过去无法改变，但是对待过去的做法、态度可以改变。

"虽然这次失败了，但是只要下次注意不犯错就可以了。"

——自省即可。

> 过去的事再烦恼也无济于事。

不要陷在负面情绪里难以释怀，
好好调解自己的心情吧

有负面情绪
耿耿于怀会让人一直情绪低落

明白"过去无法改变"就能释然

7

担心也许只是因为你想多了

★ 担心的事越想越担心
★ 对于想不出办法的事不要过多纠结
★ 就算有一些风险也可以尝试放手去做

容易悲观的人都有一个共同点

有人对于即将发生的事总是很悲观。

"我穿了喜欢的鞋，如果下雨怎么办呢？"

"第一次去那里，也许会迷路呢！"

越是考虑这些，脑子就越容易被不安充斥，更不愿外出。

东想西想担心个没完的人，都认定自己考虑的问题是"现在最大的问题"。因此，当有一个悲观的念头浮现在脑海中的时候，大脑就会被不安完全占据，一时又想不出解决办法，所以人就会一直烦恼。

的确，出现问题的可能数不胜数，当然越多想越烦恼了。

而对这些问题不太担心的人，对于想不出办法的问题不会纠结太久。

"真下雨了再想办法。"

"迷路了可以问别人，总会有办法的。"——他们是这样考虑问题的，根本就不会担心下雨或迷路。

你担心的事其实大部分都不会发生

很少感到担心的人会重视"眼前的事"，所以他们会热衷于做计划，选择想穿的鞋、查看路线，为次日出门做好准备。

他们会优先考虑"能找到答案的问题"，去做"会有结果的事"，对于考虑不出答案的问题会先放一放，认为暂时搁置也没有关系。

你担心的事其实大部分都不会发生。我们是要考虑坠机、被歹徒袭击的可能性，但是这些事情发生的概率微乎其微。如果要担心，应该先担心发生概率高的问题。而对于发生概率低的问题可以这么想"几乎不会发生"，想做什么尽管放手去做。

适当承担一些风险，放手去做很重要。

> 把注意力放在眼前的问题上，
> 焦虑会减轻。

担心也许只是因为你想多了，担心随时会发生意外完全没必要

也许会迷路。

包被人抢了怎么办？

下雨怎么办呢？

如果发生地震就糟了。

那家店也许会临时休息。

不安

会遭雷劈的吧？

交通事故也很可怕。

会不会被变态纠缠呢？

也有可能被谁袭击。

如果对方忘记约定怎么办呢？

让人担心的事数不胜数

战胜担心的要点

要点
1
先担心发生概率高的事。

要点
2
相信发生概率低的事"几乎不会发生"。

要点
3
如果有些许风险，不要害怕，尽管去做。

8

负面情绪
会反弹回自己身上

★ "无缘无故看着就不喜欢的人"增加，是自己的问题
★ 人的情绪有互相反弹的规律
★ 控制自己的负面情绪很重要

"无缘无故看着就不喜欢的人"为什么会增加

世界上总会有让你"无缘无故看着就不喜欢的人"。光是看到他就会让你感到不快，和他说话也总觉得自己被他当成傻瓜似的。

但是有"无缘无故看着就不喜欢的人"，未必是对方单方面的问题。

请你冷静回想一下自己在和"无缘无故看着就不喜欢的人"交往时的情景。也许，很多时候是你对对方的言辞反应过激，或者自己猜测对方的想法，然后强词夺理地反驳他。实际上，越是生活得不开心的人，身边"无缘无故看着就不喜欢的人"越多。

这也是很正常的。因为只要有一点看不惯对方，就会武断地认为，"这个人对我有敌意"。

这样，你自己人为地让"无缘无故看着就不喜欢的人"越来越多，也就会感叹"自己周围净是无缘无故看着就不喜欢的人"。

无缘无故不喜欢是相互的

如果你对对方抱有负面情绪，对方也会对你有负面情绪。

谁都不会对讨厌自己的人有好印象吧？情绪是会反弹的，对方也会觉得"这个人为什么这么讨人嫌。"

也就是说，人际交往中有一条反弹规律：正面情绪会得到正面响应，负面情绪则会得到负面响应。投射出的情绪越强，接受到的反弹也会越强。

例如，即使是多年来一直关系很好的朋友，因为某个原因一个人侮辱了另一个人，必然也会受到对方的反击，关系会一下子恶化。

这条规律即使我不特意说明，很多人在生活中应该也都有切身体会。

如果你对对方表现出不耐烦，对方也会对你不耐烦——你应该也有过这样的经历吧。

　　无缘无故不喜欢是相互的。

　　有的人理智上虽然理解这些，但还是会对身边的人投射负面情绪。所以，我们也就明白了，为什么很多人每天都会带着负面情绪，因为他们不能控制自己的情绪。

> **有无缘无故看着就不喜欢的人，未必是对方的原因。**

如果你对对方抱有负面情绪，对方同样会对你报以负面情绪

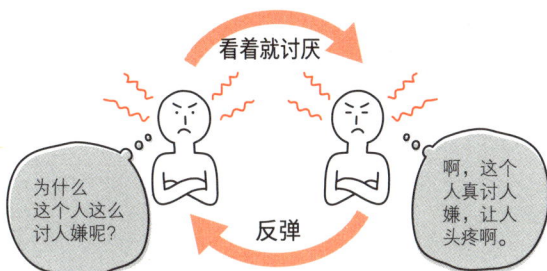

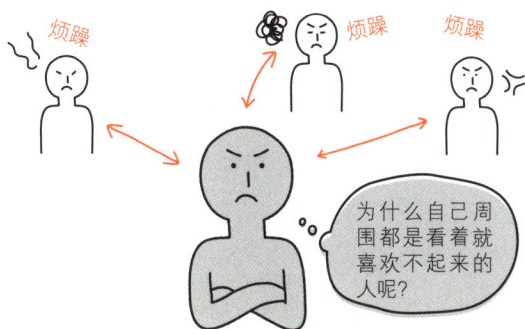

9

为什么费力不讨好的工作
总是落到自己的头上

★ 悲观的人容易被安排做费力不讨好的工作
★ 乐观的人做费力不讨好的工作时不会表现出不快
★ 乐观的人容易得到大好机会

总爱不高兴的人更容易被安排做费力不讨好的工作

在日常生活中，我们有时会觉得"运气好，很顺利"，有时也会觉得"运气差，不顺利"。

但是，悲观的人会比一般人更容易感到运气不好。

实际上，悲观的人有相当高的概率被安排做费力不讨好的工作。

例如，在单位被上司命令务必要赶在明天的会议前，准备好全体人员所需的资料，或者被吩咐布置会议室，都是些费力却不讨好的工作。

冷静思考一下，人们似乎倾向认为悲观的人被安排做费力不讨好的工作是必然的。

为什么会这样呢？

悲观的人在被安排做费力不讨好的工作时，马上就会怒形于色、口出怨言。

因为他们带着负面情绪工作，所以就可能出现资料前后顺序颠倒、会议用的椅子准备不充分等情况，工作质量很低。如此简单的工作都完成不好，因此总是得不到机会做杂务以外的工作。

快乐的人会远离费力不讨好的工作

总是高高兴兴的人即使被安排做费力不讨好的工作，也绝对不会表现出不快；他们会开开心心地去做，工作也会很快完成。

周围人就会觉得"把工作交给他会完成得很好"，下次就会让他做更难一些的工作。如果每次都能圆满完成，之后必然会被上级委以重任。

这样，下次他再做打杂工作的时候，周围的人就不会置之不理，而是会施以援手，"我们来帮忙让××早点做完吧"。以后他被安排做费力不讨好的工作的可能就会降到最低。

如此一来，分工被定格。费力不讨好的工作每次都由总是口出怨言的不高兴的人去做。

如果不想费力不讨好，让自己保持乐观是唯一的办法。

悲观的人容易被安排做费力不讨好的工作。

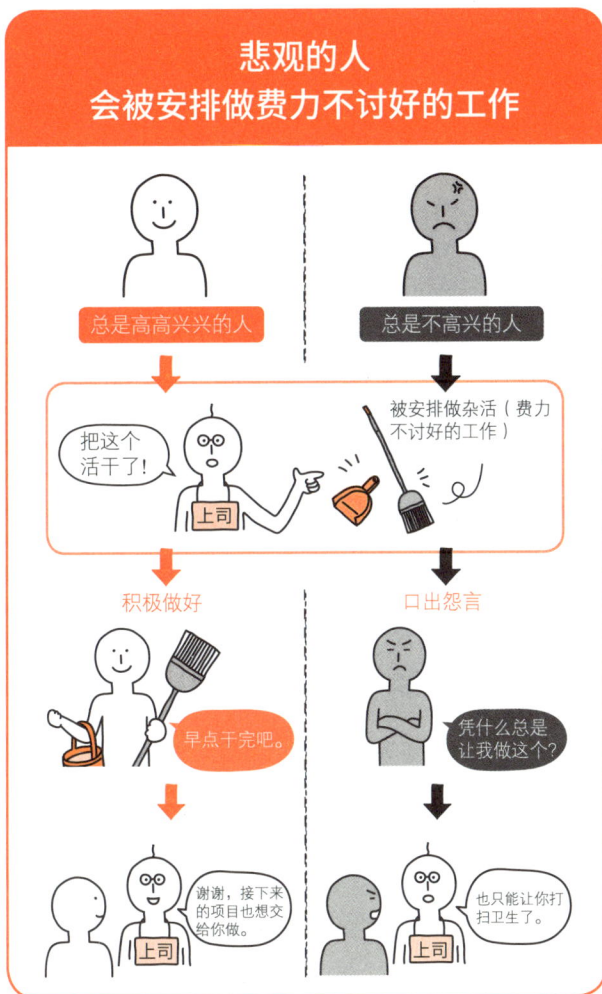

10 悲观的人会认为
"答案只有一个"

- ★ 将自己的想法强加于人会让人不快
- ★ 正确答案绝对不止一个
- ★ 认同多元化的思维方式和价值观很重要

将自己的想法强加于人会导致
精神压力的增加

"事情只能怎样怎样……"

"你应该走的路只有这一条……"

这种将自己的想法强加于人的思维方式会让人非常不愉快，让人陷入不安。

比如，我认为"胆固醇值一定程度上高点没有问题"，但是，世界上也有医学家坚信"胆固醇值高就等于不健康"。

实际上，我的想法正是不少权威学者想要抨击的，他们辛辣地批评道：

"胆固醇值高表明身体有问题是不言而喻的。"

"动物实验中已经明确证明了。"

"欧美国家的调查也明确了。"

我的想法是：既然他们如此强烈地坚持这个观点，那就进行免疫学调查，让事实说话吧。欧美国家和日本相比较，心肌梗死的发病率、饮食习惯等都完全不同，所以只要在日本认真进行调查即可。

我想只要搞清楚了调查结果，就可以给大家提供有用的信息了……

以灵活的态度寻找答案

认为"只有自己正确"的人，对于和自己持不同意见的人有着很强的敌对心理，结果就会总是带着对别人不满乃至愤怒的情绪度日。

"我才是对的。"

"不，我绝对不会弄错！"

一直争论谁对谁错根本无法解决问题，越是纠结在谁对谁错上，就越无法摆脱负面情绪、降低精神压力。

换个角度看，会有各种各样的正确答案，正确答案绝不是唯一的。只要进行实际调查找出更接近正确答案的答案即可。

——我们需要以灵活的态度找出能解决问题的对策的智慧。

人的价值观是多元的，这是理所当然的。没有必要把自己认为的真理强加于人。

> **事情有各种各样的应对方式。**

单方面把自己的想法强加于人最让人不快

✗ 把自己的想法强加于人的人

认为只有自己正确的人很容易和周围人发生冲突

◯ 能灵活考虑问题的人

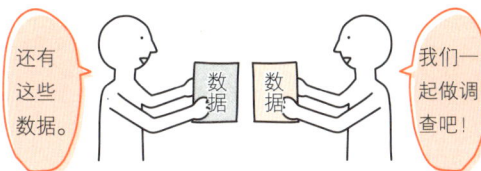

会考虑各种各样的可能性和应对方式，能倾听别人的意见

心情调整练习①

问题1 控制情绪是指什么?

A 不要有情绪

B 注意不要带着情绪
做出不当行为

问题2 精神科医生科胡特说
人在什么时候会不高兴?

A 个人情感需求没有
得到满足时

B 无法爱别人时

问题1 B　　问题2 A

答案

　会不知不觉迁就对方的人为什么会不高兴呢?

A 害怕被群体排斥而勉强自己

一点都不开心。

B 总是和固定的人在一起，很难交到新朋友

问题4　**要避免对过去发生的事耿耿于怀，应该怎么做呢?**

A 回忆当时的情况进行反省

B 首先要明白"过去无法改变"

答案

问题3　A　　问题4　B

41

问题5　对于将要发生的事感到担心时，应该如何处理？

A 实在想不出办法的事不要再多加考虑

B 对担心的事深入彻底地考虑

问题6　不想让自己不高兴应该采取哪种态度？

A 应该认为"问题的正确答案绝不止一个"

B 认为有绝对正确的答案

第 2 章

摆脱感情用事的
思考术

杜绝感情用事，回归理智思考的
8 个诀窍

是否会不理智完全取决于自己的想法。
现在马上就可以改变你的想法。
重新审视一下自己的日常生活吧！

Point1

找到会让自己不高兴的因素

任何人都会有容易让自己不高兴的因素，要找到这些因素。

Point2

认为完成 80% 就合格

如果非要苛求100%完成，会很痛苦。若是能退一步，觉得完成80%就可以的话，人就会轻松。

Point3

不愿意的时候说"NO"

不愿意的时候尝试鼓起勇气说"NO"。

Point4

每周给自己准备三次奖励

给自己准备奖励会让自己心情很好，很小的奖励也OK。

Point5

认为"这样的自己就挺好"

爱自己的人会产生安心感，情绪也会积极。

Point6

任何时候都要表扬自己

无论结果如何，都要表扬自己。心情会由此好起来。

Point7

相信自己会进步

无论年龄多大都可以进步。要坚信"自己会进步"！

Point8

建立支撑自己的支柱

如果多建立几根支柱，即使其中一根支柱倒塌，也能保持从容淡定。

1

首先要意识到自己的性格有不足之处

★ 不高兴的人容易对别人的行为感到烦躁
★ 任何人都会有反应过激的时候
★ 承认自己的性格有不足之处可以让自己冷静

为什么会对别人的行为感到烦躁

有的人总是很在意别人的行为，并经常因为别人的举动感到烦躁。

例如，有的人总是非常守时，一定会提前5分钟到达约好的地方，别人迟到一小会儿他就会非常介意。

他会想"为什么这个人这么没有时间观念"，因而非常生气，非要和别人理论一番。

同样，爱干净的人也看不惯邋遢的人。

"每天简单收拾一下就可以了，居然能住在这么乱的房间里！"——这样想的话自己就会不高兴。

但是，一般人不会因为对方迟到一小会儿或者房间有点乱就如此生气。

很多时候生气的只有这个人自己。

迟到或把房间弄乱的人并不是为了挑衅别人而故意为之。

也就是说，不高兴不是因为别人散漫的行为，而是因为自己时间观念苛刻或者有洁癖。正因为自己性格有不足，才总会介意对方的行为。

每个人性格都有不足之处

经常会不高兴的人，意识不到自己的性格有不足之处这个事实。

如果认为"自己的性格很正常，对方性格有缺陷、不正常"，就永远无法摆脱负面情绪。

所以，重要的是我们要承认自己有反应过激的地方。

每个人都会有一两个比一般人反应过激的地方。

如果老老实实承认"自己比别人对时间要求更严格"，就能够摆脱不理智，可以冷静看待别人的行为。

问问同事、家人或朋友，自己什么时候容易生气，也是一个办法。如果认识到自己性格的不足，就不会受对方影响。

每个人都会有反应过激的地方。

承认自己性格的不足
就不会被对方的行为影响

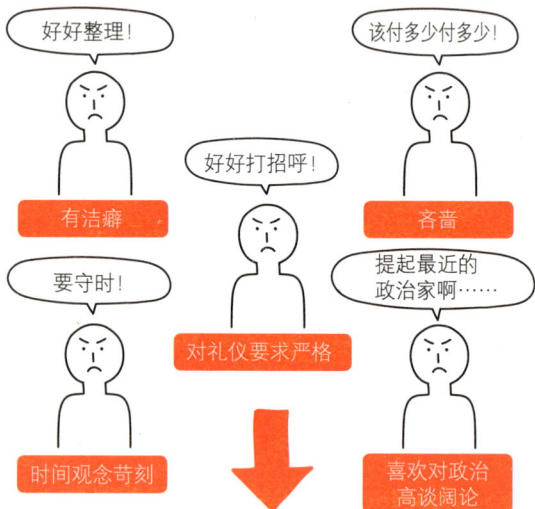

好好整理!

有洁癖

要守时!

时间观念苛刻

好好打招呼!

对礼仪要求严格

该付多少付多少!

吝啬

提起最近的
政治家啊……

喜欢对政治
高谈阔论

因为自己太在意
收拾整理了……

确实没有整理
好,但我也没
必要插嘴。

能够冷静应对

2 抛开完美主义，
门槛设定在"合适的高度"

> ★ 不可能一切都完美
> ★ 如果过分要求完美容易不快乐
> ★ 完成80%就很好

完美主义者不快乐的根源

工作、爱好、人际关系，所有这一切都很完美——这种情况在现实生活中根本不存在。

比如，有的人销售能力很强，很擅长向顾客介绍商品，并说动顾客购买，却对写报告等案头工作很不擅长。

这种时候如果他想：为什么自己不能做到完美呢？情绪就会低落。

有的人坚信"我一定能做到"，因而凡事都选择坚持死磕到底，结果把自己弄得筋疲力尽，反而会让情况更糟。

完美主义者做任何事都以完成 100% 为目标，绝不允许自己偷懒或妥协，只要做就要全力以赴。

即使他们完成了 80%，自己也不能接受，还是觉得不满意。他们的注意力总是放在 20% 未能完成的部分，因而总会有挫败感。

这样每做一件事都会导致情绪低落，自然不快乐。这样想来，可以说让人不高兴的原因之一就是"完美主义"。

要看开，完成 80% 就 OK

要摆脱完美主义导致的不快乐，就要试着不苟求完美。不要以 100% 完成为目标，完成 80% 就很好了。

例如，人们的一般观点是：最好和所有人都搞好关系。但是从常识考虑，和所有人都搞好关系是不可能的。

你总会遇到和你性格气场不合的人，所以你要这么想：和 80% 的人相处好就可以了。

夫妻之间也好，朋友之间也罢，如果追求完美都难以长久，这是很明显的。有时也要接受在相处过程中的不完美，这样才能和对方长久相处下去。可以用经验判断应该以哪条线作为 80% 的标准线。

"完成 80% 已经过了及格线不少了，剩下 20% 如果做得好就是赚到了。"

——如果这样考虑就不会烦躁焦虑，每天会过得轻松快乐。

完成 80% 就可以了！

抛开完美主义
可以摆脱负面情绪

3 要有勇气说"NO"

- ★ 很多人生活中都习惯勉强自己
- ★ 难以开口说"NO"，所以会不高兴
- ★ 尝试鼓起勇气说"NO"很重要

人际交往中的麻烦让人不快

在社会生活中，大多数人或多或少都有人际交往方面的烦恼。

例如，A不喜欢吃甜食，平时受他照顾的B却给他带了大福饼*作礼物。这时，如果说真话就可以不用吃了，但A还是勉强吃了一口说："真好吃啊。"

于是，在B心里就认定了A喜欢吃甜食，之后每次都

---

* 一种点心，也称夹心糯米团。用糯米包着馅料，通常是豆沙、草莓、地瓜等甜味食材，口感柔软爽滑，中国一般称其为糯米团子。——译者注

给 A 带甜食作为礼物。A 心里很别扭，"但是事到如今也没法说自己不喜欢甜食了……"

你应该也有过类似的经历吧。无法中断给关照过你的人送年终礼物、贺年卡的习惯，无法拒绝上司让你参加聚会的邀请……

世上有很多人都因为诸如此类的事勉强、委屈自己，每天过得很不快乐。

尝试鼓起勇气说 "NO"

"不喜欢却说不出口。"

"不想引起风波，所以宁可自己吃亏也要先考虑怎样息事宁人。"

如果你是这样的人，那么从现在开始改变方针吧！有时也要尝试鼓起勇气说 "NO"。

收到不合口味的土特产时只要说"不好意思啊，我不爱吃这个"就可以；对于头疼的聚会，说"我有事去不了"就 OK。

总是压抑自己感情的人对说 "NO" 会犹豫。

其实说 "NO" 也是一种正常的沟通交流。无论对方立场如何，如果有接受不了或理解不了的问题，坦率说出自己的想法即可。

只要对方不是怪人，坦率说出自己内心的想法并不会给人际关系留下祸根。

但是，请避免带情绪或不耐烦地说出指责对方的话。坦率表明自己真实感受的行为和情绪化不理智伤害对方的行为是两码事。

有时鼓足勇气说"NO"很重要。

如果接受不了或无法忍耐
坦率说出即可

如果心里一直有疙瘩，慢慢就会做不了什么事情了

很抱歉，这件事恕我无可奉告。

要不带负面情绪地说"NO"

4 给自己设定"奖励"

> ★ 每周准备三个奖励给自己
> ★ 想到有让人开心的奖励等着自己，会心情大好
> ★ 在日常生活的细微之处重新发现乐趣

每周准备三个奖励

和不喜欢的人见面，和讨厌的上司商量事情……如果哪天有讨厌的事情要做，从早上开始心情就会很压抑。

而如果哪天要和喜欢的人约会，或者计划和朋友吃饭，前一天开始就会很高兴。

高兴的事到来之前心情会好，面临讨厌的事情绪会低落，这是人之常情。

既然如此，如果准备几个可以让我们自己情绪高涨的"奖励"，我们自然就会高兴了。

我推荐的做法是每周给自己准备三个奖励。就我自己

而言，奖励可以是：和妻子在饭店吃晚餐，也可以是提前买好想看的电影票等。

还有更简单的做法，比如空出时间读自己喜欢的书，在家里开一瓶上好的红酒。

可以作为奖励的东西有很多，观看职业棒球赛或者足球比赛，十小时的充足睡眠，欣赏绘画作品，去花店买束花送给自己……这些都可以。

从细小的发现让快乐延伸

有人每天过得忙忙碌碌；因为忙碌，感觉也麻木了，有时都不知道自己的乐趣是什么了。

其实，我们都有喜欢的东西，只是自己没有意识到而已。

不知道用什么奖励自己的人尝试回顾一下自己的生活吧！

每天早上你会喝速食大酱汤，但其实自己喜欢的是从市场上买回来的大酱汤……总之，你一定可以从日常生活的细微之处发现类似的小偏好。

　　找到自己的小偏好并让乐趣扩大也是一个方法。

　　尝试买比平时高品质的大酱，食用高级海带——可以尝试这样追求高品质生活，及属于自己的乐趣。

> 准备给自己的奖励会让你每天都变得开心。

每周给自己准备三个奖励

看画展

读喜欢的书

观看体育比赛

在饭店约会

赛马

高级红酒

每周确定三个奖励

周一	周二	周三	周四	周五	周六	周日
	奖励		奖励		奖励	

5 想要开开心心过生活，最重要的就是爱自己

★ 爱自己会让人产生安心感
★ 在日常生活中感到幸福就能够爱自己
★ 得到周围人的爱很重要

爱自己的人会更快乐

想要过上每天都开开心心的生活，最重要的一点就是——爱自己。

爱自己会让人产生安心感，觉得这样的自己就挺好，不会对将来过分担心，不会感到不安，同时还可以怀着"让自己更进一步"的愿望行动。

怎样做才算爱自己呢？

爱自己，需要感受到"现在的我很满足"。要在日常生活中对小事感到"满足""幸福"。

早上起床时觉得"今天睡得很好"。

吃饭时觉得"真是美味！好幸福"。

阅读时觉得"很有意思！时间过得真充实"。

再小的事也可以找到愉悦的感受。通过日积月累，就能一直保持满足的心情，而且感到"我很幸福"，也就更能够爱自己。

但需要注意掌握尺度，不要自恋。如果总觉得"我是对的""我有能力"，就容易和别人发生冲突，甚至对周围人产生仇恨和不满。

建立良好的人际关系很重要

还有一项爱自己的要素就是人际关系。

如果我们对别人怀着愤怒、嫉妒之情，每天都会过得很不开心，还何谈爱自己呢？

如果我们感到被周围的人爱着、得到好评、得到认可，就会有自信，就能够爱自己。

要建立良好的人际关系，最重要的是我们要怀着善意与对方接触。我在前面提过，人际关系有一条反弹规律，如果你对对方怀着善意，对方也会对你报以善意。

这样就会建立起让人愉快的人际关系，你自己也会渐渐喜欢和人交往，可以加入快乐者的行列。

要重视"现在我很满足"的感觉。

爱自己就能每天开心地度过

① 感到"满足"

好吃!好幸福!

睡得真好!好幸福!

＋

② 被周围的人爱着

我都不好意思了!

我喜欢××!

和××在一起很开心!

＝

现在的我挺好!

爱自己就会开心

6 给自己施魔法，
养成每天表扬自己的习惯

> ★ 人在得到正面肯定时容易相信这就是事实
> ★ 表扬自己会让自己高兴
> ★ 无论结果如何，表扬自己很重要

表扬自己会很开心

美国心理学家伯特伦·福勒（Bertram Forer）做过一个心理实验。

他首先对学生进行心理评估，然后以评估结果为基础进行心理分析，再把结果做成报告分发给每一个人。

但实际上这份报告是一个巨大的谎言，因为他给所有人的报告都是完全一样的内容。

尽管如此，7～8成的学生看了报告都感觉很准。

学生之所以认为这份报告值得信任，我想有这份报告是著名心理学家基于心理评估完成的原因。但是还有一个很大的原因，就是性格分析的结果是正面积极的内容。

"你有战胜困难的力量""有创造力"……人有一种倾

向，在得到正面肯定时，容易认定事实就是如此。这就是以伯特伦·福勒的名字命名的"福勒效应"（也被称为"巴纳姆效应"，以分析顾客性格的杂技师肖曼·巴纳姆的名字命名）。

我们尝试好好利用一下这个效应。

方法很简单，就是表扬自己、激励自己。

例如在备考时表扬自己："今天一天学习很努力呀，这么努力绝对可以通过考试。明天继续加油！"

如果想成为有钱人，可以这样表扬自己："今天自己做饭，不到 500 日元就解决了。自己既开心又能存钱，我一定能够成为有钱人！"

无论结果如何，都要表扬自己

试着想想自己被要求在一个小时内完成工作的情况。容易不高兴的人超出规定时间五分钟就会觉得"我真没用……"，然后干劲下降。

乐观的人首先会表扬自己，"虽然超了一点时间，但是能做到这个程度很不错了！"

他们会一直鼓励自己。这样能够让自己保持好心情，以便应对接下来的工作，也就容易在接下来的工作中取得好成绩。

无论结果如何，首先要表扬自己，这样做很重要。养成表扬自己"干得好"的习惯，情绪就会变得积极。

每天表扬自己、鼓励自己很重要。

养成每天表扬自己的习惯，
可以使情绪积极向上

▶ 人在受到表扬时容易相信事实就是如此

你很有创造性。

真的吗？好高兴。

你有领导很多人的能力。

嗯，是啊！

▶ 如果养成表扬自己的习惯

今天干得也不错！我很棒！

▶ 能让自己高兴

今天心情也不错！

7

永远相信
"明天的自己会更进一步"

★ 一切事物都是发展变化的
★ 相信自己的人能朝着梦想和目标的方向努力
★ 尝试单纯地相信自己的进步意愿

要相信自己

有的人昨天还丰衣足食，今天却突然遭遇破产；与之相反，有的人原本过着有上顿没下顿的窘迫生活，却突然走运，扬名立万。

系列畅销书《哈利·波特》的作者J.K. 罗琳（J.K. Rowling），有一段作为单身母亲领取最低生活保障但依然坚持写作的逸闻。

当时她身边没有一个人相信她会成为世界级畅销书作者。

我对有的人说："你可能会成为有钱人。""你会找到优秀的伴侣。"他苦笑着摇头："和田医生说得真轻松。"

但我还是认为，"相信自己会发生奇迹"非常重要。

我尊敬的人、憧憬的人，无一例外都是相信自己的人。

相信自己的人也是能朝着梦想和目标努力的人。

如果相信自己，即使有不顺利的时候也一定可以挺过去。这样的人即使身处逆境也不会焦虑，他们可以控制自己的情绪。

变成傻瓜就会快乐

"相信自己身上会发生奇迹的人"是"相信自己有某种进步意愿的人"。

原本每个人都有进步意愿，但是随着年龄增长，有人会觉得"现在才开始做一件新的事情根本不可能"，放弃的想法就会变得强烈。

这不是对成长释然，只是变得怕麻烦，懒得去做。

那怎样做才能让人相信自己呢？直截了当地说，就是简单一些。

说得再直接点，就是"变成傻瓜"。变成傻瓜，相信自己，迷惘和不安都会消失。抛开虚荣和自尊心，向各种各样的人请教，积极行动。结果就会让事情进展顺利，心情也会变好。

> 简单地相信自己还有无限可能，这很重要。

只要相信自己，
任何问题都能解决

① 简单地相信自己

> 虽然我现在没有钱，但我一定可以发达！

② 朝着梦想和目标努力

> 麻烦您告诉我，这个是××吗？

> 是的。

老师

③ 事情进展顺利，心情变好

> 果然很顺利！

微笑

8 多建立几根支撑自己的支柱

★ 如果支撑自己的支柱只有一根，你会很不稳定
★ 什么样的支柱都 OK
★ 发现自己擅长的领域很重要

能经受挫折的人和经受不了挫折的人

东京大学毕业的社会精英因遭遇挫折自杀了。

发生这样的事媒体一般会如此解说："小时候没有经历过挫折，所以遇到一次挫折就被击垮了。"

我并不认同这种说法，我身边遇到过挫折的人比比皆是，可是几乎没有人发生这样的悲剧。

我认为问题在于有的人"只有一根支撑自己的支柱"。

支柱可以是自己愿意全身心投入的爱好，可以是和家人之间的感情，可以是志愿者活动，也可以是某种副业，什么都可以。

例如，如果被欺负的孩子想"我可以转学，也可以在私塾学习"，就不会把自己逼到绝境。

不擅长和妈妈帮打交道的人如果能不再纠结，觉得"和家里人关系好就可以了"，就不会因为被帮派排挤而感到不安。

如果多为自己准备几根支柱，即使其中一根倒了，也可以想到"还有其他的支柱"，便可以从容淡定了。

就我自己来说，如果做不了医生还可以当作家，还有电影这个爱好，自然不会陷入惶恐不安的情绪中去。

发现自己擅长的领域也非常重要

除了建立支柱，发现自己擅长的领域也很关键。

心理学家阿尔弗雷德·阿德勒（Alfred Adler）说："我认为有过成功经历的人做其他事情也能成功。"

再小的成功也能让自己拥有自信。

也就是说，发现自己有信心做好的领域很重要。

在擅长的领域做得好，人就会安心。比如不擅长销售就做企划，不擅长企划就做提案。即使在其他问题上失败，也会想"没关系，我还有自己擅长的领域"，就不会沮丧消沉。

如果多几根支柱，人就会从容淡定。

多几根"支撑自己的支柱"，
精神状态也会稳定

我有好几根支柱，所以没有问题。

工作　家人　爱好　志愿者活动

有好几根支柱的人

只有一根支柱，如果倒了我该怎么办呢?

工作

只有一根支柱的人

心情调整练习②

问题1 **对别人的行为
反应过激是什么原因呢?**

A 因为世界上没有
常识的人多了

B 因为自己的性格有
不足

问题2 **要避免自己不高兴,
应该如何设定目标?**

A 完成80%即可

B 以完成100%为目标

问题1 B 问题2 A 答案

问题3　**想保持好心情，哪种做法更有效？**

A　用惩罚给自己施压

B　设定让自己开心的奖励

问题4　**爱自己该如何做？**

A　从日常生活中感受到"幸福""满足"

B　每天照镜子看自己十分钟以上

问题5 哪个习惯可以使情绪积极向上?

A 无论结果如何都要表扬、激励自己

B 只在进展顺利的时候表扬自己"做得好"

今天也很努力!
很了不起!

问题6 想保持从容淡定,应该怎么做?

A 多建立几根支撑自己的支柱

B 专注做一件事

心情笔记

第 **3** 章

决不能这么做！

——这是会增加压力的
行为和思维方式

改变精神压力过大而导致情绪低落的

７个方针

没经大脑顺手就做了——
这种习惯也会带来负面情绪。
干脆放弃就不会让自己不高兴。

Point1

"说了也无济于事"的话不要说

说出嫉妒、仇恨的言论只会让自己吃亏，冷静下来谨慎处理很重要。

Point2

不要参与毁谤、传谣

不参与毁谤、传谣是保护自己免受别人负面情绪影响的明智之举。

毁谤

Point3

在 SNS* 上不要应对所有人

制定"到此为止"的基准，就无须担心受SNS摆布。

Point4

不要一个人承受

坦率地接受周围人的帮助吧！这样更容易把事情做好！

工作烦恼

* 指社交网络服务，包括社交软件和社交网站。——译者注

我不毁谤别人！

那个家伙真笨啊！

既不远离也不靠近！

Point5

不要任性地"希望别人懂你"

如果不说出来，自己的情绪不会得到别人理解。"希望别人懂你"这种任性的想法赶紧丢掉吧。

Point6

不要过分在意胜负

过分在意"胜负"会很辛苦。不要为胜负而忽喜忽悲。

Point7

不要和别人靠得太近

与人交往保持合适的距离，既不太远也不太近，会使人际关系良好。

1

即使有负面情绪，
也不要马上说出来

> ★ 喜怒哀乐的情绪表达出来是很好的
> ★ 说出负面情绪，只会让人觉得"这个人真可怜"
> ★ 想象一下说出负面情绪会有什么后果

说出"负面情绪"只会自己吃亏

　　如果不想积压过多的精神压力，把喜怒哀乐这些情绪表达出来很重要。如果只是单纯的"开心""难过"之类的情绪，说出来没有任何问题。

　　就算某次有点来劲儿，不考虑别人的感受肆意宣泄自己的情绪，过后只要向周围的人道歉"我有点过分"就可以了。而且把悲伤的情绪表达出来也有助于调整好心情。

　　我希望大家注意的是嫉妒、仇恨等对特定对象而怀有的负面情绪引发的言论。

　　当然，谁都会有嫉妒、仇恨之类的情绪。但有这些情绪时，请一定不要马上说出来，要谨慎地想一想，说出来也没什么用，还是不要说了。

例如，和你同期进公司的同事成功接了一个大的销售订单，运气好得不得了，你一直在旁边看着，有点接受不了。

"交际费等成本比别人多花了一倍！"

"上个月的业绩也没什么了不起！"

你一直闷闷不乐。但是如果你真把这些嫉妒的话说出来会怎样呢？

你不仅很容易被周围人贴上"真是一个爱嫉妒又可怜的人"的标签，自己也会因为出口伤人而懊恼不已。

也就是说，说出负面情绪只能是让自己吃亏。

有嫉妒和仇恨情绪时应该怎么做呢

在有嫉妒和仇恨情绪时，先停下来，尝试给自己留出点时间想想，如果就这样把负面情绪说出来会有怎样的后果？

你听到别人被仇恨和愤怒的情绪驱使所说的话时，会有怎样的感觉呢？应该也会觉得"太不体面了""我可不想和他一样"吧。

换位思考就会知道，如果自己任凭负面情绪驱使想说什么就说什么，同样也会遭受周围人的冷眼。

　　想清楚说出负面情绪的严重后果就能理性制止自己。

　　说出负面情绪前请考虑一下后果。

即使有负面情绪
也不要马上说出来

有嫉妒、仇恨的情绪

扬扬得意

好酷啊！

真无语……
那个家伙。

✖ 将负面情绪说出口

不过是
侥幸罢了。

⭕ 考虑说出来的后果

那种人……

那么做太不体面了

冷静

被贴上"可怜人"的标签

真不体面。

我可不想和
他一样。

谨慎

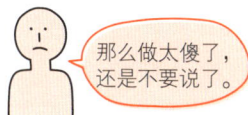

那么做太傻了，
还是不要说了。

2

负面情绪容易传染，
尤其要远离毁谤、造谣

★ 情绪会传染给别人
★ 特别是负面情绪更容易传染
★ 从毁谤、造谣的场合静静离开

人的负面情绪容易传染

人的情绪有一个规律，就是会"转移"。

例如，早上去公司上班，同事特别高兴，你就会想"有什么好事呢"，自己也会不由得跟着开心。

相反，如果同事坐立不安，丝毫不掩饰自己的不快，你就会想"他为什么这么不高兴呢"，自己也会跟着焦虑烦躁。

哪种情绪更容易传染呢？比起正面情绪，负面情绪威力更大。难得自己心情好，却遇到别人不高兴，马上就会被传染，也变得不开心。

哪怕只有一个人有负面情绪，这种情绪也会蔓延到全公司。

在一种情况下负面情绪特别容易传染，就是有人毁谤别人或造谣。

如果有人毁谤别人或造谣，他的负面情绪马上就会传染给你，你也会对毁谤和造谣的对象心生不满。即使是素未谋面的人，也很容易对他怀有恶意。

不要把负面情绪当回事

如果你不想沮丧消沉，就应该保护自己免受毁谤者或传谣者的负面情绪影响，无论他说什么都不要当回事。

最重要的就是不要参与到毁谤别人或造谣中去，如果正好在场就静静离开。

即使已经听了很多流言或毁谤的内容，你也不要这样回应毁谤者或造谣者："为什么会那么认为呢？""是真的吗？"

因为，你把对方的负面情绪当回事的结果，就是让自己的心情也变差。

"唉？是这样吗？""我不知道有这种事啊！"——轻松搪塞过去吧！

当然，如果你自己是毁谤者或造谣者，那就更让人不能容忍。传播一次负面言论就会使个人信誉产生污点，甚至更严重的后果，最后会被周围人看不起。

毁谤和造谣只会让自己不快。

无论发生什么，都不要参与毁谤和造谣

3

简化朋友圈，
别被社交网络工具绑架

> ★ 社交网络工具容易成为让人不快的根源
> ★ 制定应对程度的基准
> ★ 简化人际关系可以避免焦虑烦躁

过度使用社交网络工具也会成为让人不快的原因

　　现代人之所以会不高兴，有一个很大的原因在于使用了 Facebook（脸书）、LINE（连我）、Twitter（推特）等社交网络工具。用户在脸书上发布最新动态后，如果得到了很多赞，就感觉自己得到了别人的认可，就会很高兴。

　　但这未必完全是好事。要得到更多赞，就要花相应的功夫。自我情感需求没有得到满足的人为了得到更多赞，会对工作置之不理，埋头发布脸书动态。

　　而且如果想得到更多赞，作为交换，自己也需要在很多地方点赞。这样总想着社交网络工具，人们心里会有负担，慢慢地就会焦虑烦躁。

其实我认为，与其在网络上得到虚拟的赞，不如在现实生活中做出成绩得到认可，更有价值。

只应对一部分人即可

我有时也会用脸书，但是会有意识地适可而止。

而 LINE（连我），我见过有人因它情绪消沉，所以一直没用过。

但我想，肯定会有人因为工作和朋友交往需求必须使用社交网络工具。我建议这些人预先制定标准，要用到什么程度。比如，要有所决断，只需给一部分关系好的人回复，剩下的可以不管。

就算有人问"为什么不给我回信呢"，也可以回复他"最近太忙，对不起大家了"，一般人都会理解。

而对于纠缠不休的人，明智的做法是从一开始就不要和他们扯上关系。

社交网络工具不是增加朋友的工具，而是简化朋友圈的工具——如果抱着这样的想法，就可以避免不快。

> 比起社交网络工具，在现实中取得成绩更好。

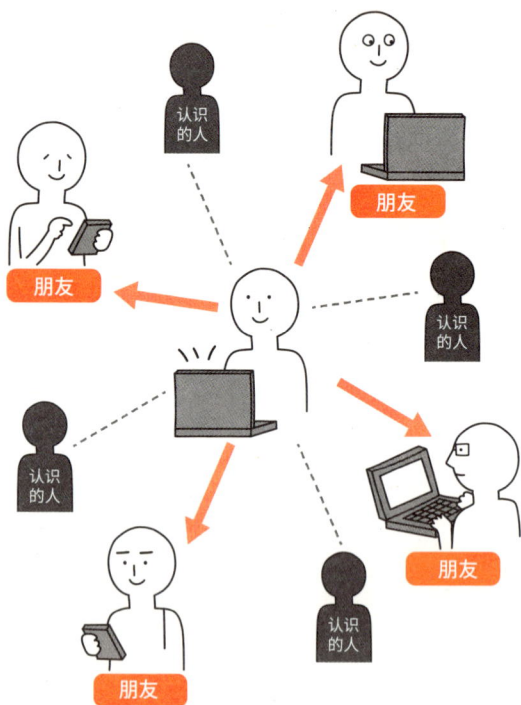

在社交网络工具上应对到何种程度，
要预先制定好标准

认识
的人

朋友

朋友

认识
的人

认识
的人

朋友

朋友

认识
的人

简化朋友圈，就不会受社交网络工具摆布

4

养成向周围人求助的习惯，心情好了，事也成了

- ★ 凡事一个人承担容易陷入沮丧
- ★ 一个能承担的范围是有限的
- ★ 向身边的人求助就不会有精神压力

一个人承担是很辛苦的

悲观的人有一种倾向，就是爱东想西想，揣测周围人的想法，先入为主地猜想对方的心理，结果就造成自己徒生烦恼。

上班族C先生就是这样一个喜欢把所有问题揽到自己身上的典型。

作为一个30多岁的男性管理层人员，20多岁的员工很敬慕他。但他也有自己的烦恼，也会闷闷不乐，那就是他很不擅长分配工作。

"如果让她做这个工作，她会不会抵触呢？"

"让新人做这个工作是不是还为时过早？"

……

109

他东想西想不胜烦恼，最终结果就是他只能一个人揽下所有工作。

"为什么我每天这么忙呢？不把工作分配给大家会让人讨厌，但如果做不出业绩，我还是要负责任……"

——他是这样考虑的。因为精神压力很大，他每天都过得很不开心。

C的做法就像一个人玩相扑。他并不知道下属的心声，而且下属能把工作完成到什么程度，他也根本无从得知。

鼓起勇气向别人求助很重要

如果C把工作安排给下属，他们真的做不好吗？也许就是因为C自己太努力了，所以下属才没有崭露头角的机会呢。

直截了当地向对方求助，"麻烦你帮忙""为了让你能进步，想把这个工作交给你"——说出对对方的期待，对方很可能会努力做好。

其实C把工作分配给大家不仅会让自己轻松，团队也会产生凝聚力共同做出业绩。

工作也好，烦恼也罢，一个人的心理承受压力的范围是有限的。

如果一定要自己一个人解决全部问题，那会导致很大的精神压力。很多时候不如拜托周围的人，反而更容易做好。

不要逞强，请周围的人帮忙吧！拜托别人会扩大你的人际关系网，也会让自己进步。

向别人求助办法总会有的。

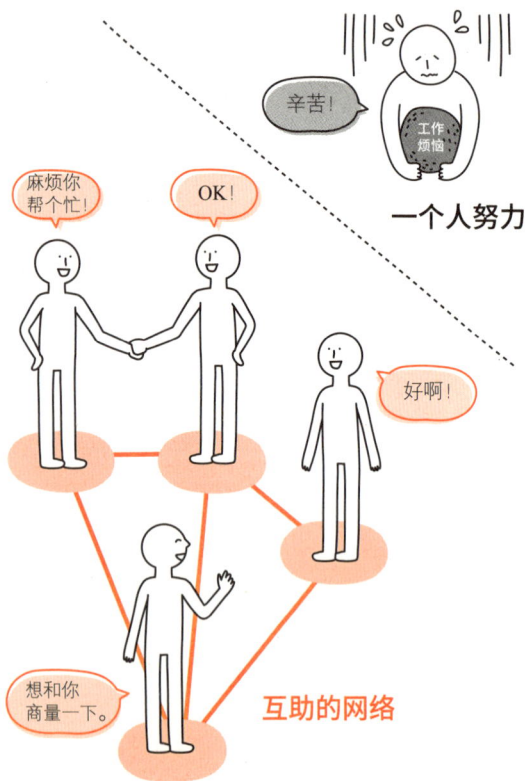

养成向周围人求助的习惯，
心情也会变得轻松，可以把事情做好

辛苦!

工作烦恼

一个人努力

麻烦你帮个忙!

OK!

好啊!

想和你商量一下。

互助的网络

5 抛开"希望对方懂你"的一厢情愿

★ 人不可能100%理解别人的心情

★ 任性地希望对方理解自己，会让自己闷闷不乐

★ 如果明白对方不理解是很正常的，自己就会轻松

"对方会有所觉察的"，这是真的吗

无须特意说明，人与人之间也能传达自己的心情，因为对方会有所觉察的——这经常被说成是日本人的美德。事实真的如此吗？

下面这个例子讲的是一对长年一起生活的夫妻。

做上班族的丈夫闷闷不乐地回到了家。白天他在单位受到上司的严厉批评，其实他并没有错，但上司却强词夺理归咎于他。

丈夫很烦躁，回家喝了啤酒，情绪依然没有平复。

但是妻子不顾丈夫的心情，悠闲自在地看着综艺节目，还不时哈哈大笑。烦闷的丈夫终于对妻子发火了："喂，这么无聊的节目你要看到什么时候？"

丈夫冷不丁地发火，让妻子非常反感，最后夫妻俩吵了起来。

这件事里不对的是丈夫，他认为自己不高兴的时候，妻子应该有所觉察并好言安慰，这是妻子的责任——丈夫抱着这样的想法对妻子有所期待，但这只是他一厢情愿而已。

不要任性地希望对方懂自己

人与人之间有着非常清晰的差别。

即使是父母和子女之间、兄弟姐妹之间、恩爱的夫妻之间，也不可能 100% 理解对方的心情。再亲密的关系中，想法也是因人而异的。

任性地希望对方理解自己的人，是因为他一直以来都很介意周围人的想法。

"我总是很在意对方的想法，为什么对方不能理解我的心情呢？"

——这样想自然就会不开心。

如果不直截了当地说出自己的感受，别人是不可能理解的。

所以，一开始就不应该期待对方觉察到自己的情绪。我们理解不了对方的想法很正常，对方理解不了我们的想法也很正常。明白这些就不会任性地希望对方懂自己，心情就会好起来。

> 如果不说出来，对方就不会
> 理解自己的心情。

不要任性地"希望对方懂我"，
这样会让自己变得轻松

严厉 严厉 严厉 严厉 严厉 严厉

在单位受到严厉斥责的丈夫

烦躁 烦躁 烦躁 烦躁 烦躁 烦躁

哈哈！

对没有体察到自己不高兴的妻子感到烦躁

喂，把那么无聊的节目关掉！

结果就是夫妻吵起来

你干吗？没头没脑的！

6

不要把"胜负"
看作唯一的判断标准

> ★ 总有人以"胜负"的标准看问题
> ★ 人如果被胜负左右会越来越不满
> ★ 不看重"胜负",人就会轻松

看重"胜负"会让人不高兴

有人只以"胜负"为标准看待一切问题。

例如"成功者""失败者",都是典型的基于"胜负"的思维模式而来的词语。

"上市公司的员工是成功者,小公司的员工就是失败者",如果用这样的框框衡量,小公司的人就会悲观,觉得"我是失败者",会越来越不满;而成功者总想着要常胜,所以也会有精神压力。

但是,如果小公司的人觉得"是否在大公司工作没什么关系,只要能充实地工作就可以了",就不会觉得自己是失败者,当然也就不会因此不快乐了。

人之所以不快乐,原因在于将根本与胜负无关的事以胜负的框框来衡量。

看到和自己同龄的人成名并大有作为，自己就会有失落感；有人听到同级的同学最近要结婚的消息，也会觉得自己是个 loser。

这些都是自己一厢情愿地用失败的框框来衡量和认定自己失败、让自己不高兴的情况。

为什么要让自己不高兴呢？

是否幸福是由自己决定的

是否幸福本来就是由自己决定的，和世俗认为的评定胜负的框框毫无关系。

不要以胜负来判断自己的立场或行为，要认识到胜负的框框毫无意义，没有必要因此忽喜忽悲。

当然有时也应该在意胜负，例如考试和升迁。这种情况下只要坦然地参与竞争即可。

即使失败一次，人生也不会被全盘否定。

总之，让自己从没有意义的胜负纠结中解脱出来，就能摆脱负面情绪。

是否幸福要以自己的标准来衡量。

被胜负的框框束缚就无法摆脱负面情绪

7 距离感会让你的人际关系保持良好

★ 距离感会使人际关系良好
★ 即使关系很好也不要靠得太近
★ 尝试偶尔联系很久没见的人

能和不常见面的人保持良好关系的原因

和学生时代的好友一年见一次面，会让人感觉非常愉快。

年末去拜望对自己有所照顾的人，对方亲切地招呼自己，这样的机会在我们的人生中也是很宝贵的。

20多岁时一起工作的人，到了40多岁的时候偶然重逢，大家谈起往事都兴高采烈，这种场合会让人很开心。

我们和"很少见面的人"见面会感到愉快，是因为时间上的距离感唤起了"怀念"的情感。

也就是说，距离感是让人际关系良好的重要因素。

关系再好的朋友，如果每天晚上住在同一个房间，总看到对方令人讨厌的地方，也会感到厌烦。

如果他们对彼此都感到越来越烦躁，就可能产生矛盾。

但如果彼此保持合适的距离交往，就可以保持让人愉快的关系。两个人就算在某一瞬间感到烦躁，分开的时候也会冷静下来，让自己情绪稳定。

在人际交往中距离可以保护自己免受负面情绪影响。

保持不远不近的距离很重要

想构建让人愉快的人际关系，要有意识地和人保持合适的距离。

即使性情相投，但每天黏在一起还是应该慎重。在单位和同样的人一直说同样的话，说明你在单位待得太久了。

改变加班的习惯早点回家，留出时间和家人聊聊，学点东西建立新的人际关系，都能让你和同事之间保持合适的距离。

在季节交替时，给许久不见面的人寄张明信片或发邮件问候一声，也都是不错的做法。前面我说过，和偶尔见面的人共度一段时光也会让人很愉快。

豪猪和同伴在一起生活，保持不远不近的距离对它们来说非常重要。这个法则同样适用于人。

距离感会让人际关系良好。

人际交往中
保持合适的距离非常重要

朋友之间

一年没见了呀！

您身体挺好吧！

单位同事

你辛苦了！

我先走了哈！

家人之间

今天和爷爷奶奶一起吃饭吧！

照顾自己的人

偶尔写信。

心情调整练习③

问题1 **有负面情绪时应该怎么做呢?**

A 想到什么马上说出来

那样的……
居然也……

B 考虑一下说出来会
有什么后果,慎言

问题2 **周围人毁谤别人时应该怎么做呢?**

A 静静离开

B 一起毁谤别人

问题1 B 问题2 A

答案

123

A 给所有认识的人回复

B 只给一部分关系好的人回复

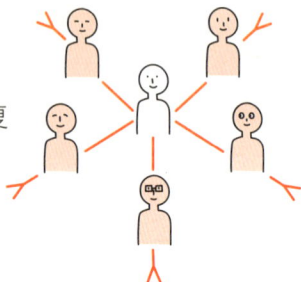

问题4 对方不理解自己时应该如何应对？

A 用态度让对方注意到

烦闷
烦闷
烦闷
烦闷

B 用语言表达出来，让对方明白

今天，在单位……

答案

问题3 B 问题4 B

问题5
**哪种思维方式
可以让人摆脱胜负的束缚?**

A 自己的幸福由自己决定

B 为了成为成功者而努力

问题6
和人顺利交往的关键是什么?

A 和喜欢的人也要保持
合适的距离

一年没见了!

B 和喜欢的人每天黏在一起

问题5　A　　　问题6　A

答案

第 **4** 章

让自己每天都快乐

每一天都快乐度过的

9 种技巧

不需要马上都做完。
在一点一滴的尝试中培养控制情绪的习惯。

Point1

只对"可以改变的事"下功夫

把事情分为"可以改变的"和"无法改变的",在可以改变的范围内努力。

Point2

总是有意识地保持笑容

笑容是让自己快乐的最好方法。平时就开始练习微笑吧!

Point3

做错时坦诚道歉

即使自己没有错,坦诚道歉也会对自己有益。

Point4

从做喜欢的事开始

如果从喜欢的事开始做,任何事都能愉快有效地推进。

从可以做到的事开始吧！

Point5

充分休息

疲劳时容易产生不快。干脆好好休息，让自己有个好的状态。

ZZZ…

Point6

早上调整自己的情绪

早上是决定一天的时间段。下决心"今天也好好度过吧！"

Point7

转换心情的方法

想忘掉不愉快的记忆，最好做点其他事，找到转换心情的方法。

Point8

挑战新事物

不局限于先例去挑战新事物吧！
真做不到再放弃也不晚。

Point9

效仿快乐的人

效仿快乐的人自己也会快乐。这样做会给你带来好运。

1 过去和别人无法改变

> ★ 将事情划分为"可以改变的"和"无法改变的"
> ★ 对"无法改变的"干脆放弃
> ★ 尝试在可以改变的范围内改变自己的行为

"可以改变的"和"无法改变的"

如果不想变得不开心，重要的是，不要担心，不要生气。

首先，需要将事情明确划分为"可以改变的"和"无法改变的"。

如果是"可以改变的"，就要通过努力尽量减少让自己烦恼的情况。

但如果是"无法改变的"，你再烦恼也无济于事，只会让自己更不高兴。

森田疗法有一个最基本的思维方式，即"过去和别人无法改变"。

例如，因为孩子不学习而烦恼的母亲。马上就要考试了，但是孩子只知道玩。母亲一看气就不打一处来，对孩子大发雷霆，孩子更加抵触，情况毫无改善。

冷静下来想想就会明白，让孩子按照自己的意愿去改变是不可能的。因为母亲认为"我必须改变孩子"，所以，当她看到孩子没有改变时，就会一直郁郁不快。

所以，母亲应该明白"孩子原本就是无法改变的"。

"我当然希望孩子上好大学，但是不行的话也没有办法。因为这是孩子自己的人生"——要明白这些。这样心理负担就会减轻，烦躁情绪也会平复。

只关注自己可以改变的

另外，母亲还要改变想法，"从自己可以改变的问题着手"。

例如，尝试对孩子使用不同于以往的温柔措辞，孩子就会发现"妈妈好像和平时有点不一样呀"，也许他的行为会由此发生变化。

或者让孩子看到母亲兴致勃勃地学习什么，也是一种方法。

看到父母乐于学习，孩子也许会觉得"学习可能也挺有意思的"。

其实据我所知，很多学习好的孩子其父母本身也喜欢学习。

尝试在可以改变的范围内改变自己的行为，看看会发生什么变化。

为"无法改变的事"烦恼是毫无意义的。

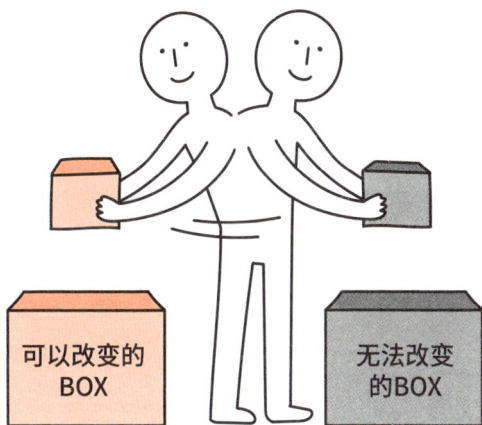

尝试把事情划分为
"可以改变的"和"无法改变的"

可以改变的
BOX

无法改变
的BOX

○怎样拜托同事做工作
○和上司打招呼
○怎样对孩子说话
○丈夫的健康管理
　　　　　…etc.

○不工作的同事
○爱唠叨的上司
○不学习的孩子
○没精神的丈夫
　　　　　…etc.

重要的是，从可以改变的事开始着手

2

让微笑成为习惯，
快乐也会成为习惯

★ 展现笑容会让对方的表情也和缓下来
★ 面带笑容会让周围的人喜欢，自己也会开心
★ 人在欢乐的场合自然会笑

笑容是让人开心的最简单的方法

想让自己高兴，最简单而有效的方法就是笑。

如果你对处于烦躁中的对方露出笑容，对方的表情也会和缓，情绪也会冷静下来。

精神科医生也会灵活运用笑容。笑容可以使医生和患者建立起友好的关系。另外，在遇到有攻击性的患者时要保护自己，笑容也会发挥巨大作用。

总是生气满脸不高兴的人，谁都不愿意接近他。而如果人们都远离他，他会更不高兴。总是面带笑容的人会让人喜欢。笑容是让人际关系变好的特效药。

要有效利用笑容，最好养成面带笑容的习惯。如果总是面带笑容，展现笑容的脸部肌肉就会发达，笑容就会成

为习惯。

如此一来，即使不刻意为之，你也能自然地笑出来。面带笑容的人会让周围人喜欢，自己也会开心。

试着练习微笑

不擅长笑的人可以对着镜子练习怎样笑。首先活动嘴边的肌肉，做出面带笑容的表情。

然后横咬住筷子，练习嘴角翘起，有意识地露出牙齿。

当你面带笑容，开朗地和同事说"早上好"时，对方也会元气满满地回应你。双方心情都会很好，这一天就会过得很开心。

如果是不爱笑的人，可以多去一些喜庆欢乐的场合。

人是很不可思议的，就算你原本不高兴，如果周围的人都很高兴，你也会跟着开心起来。

被周围人的笑容感染，你也渐渐会高兴起来，忘掉不快。用笑容吹散不愉快，可以说是让人快乐起来的最便捷的方法。

> 如果微笑成为习惯，快乐也会成为习惯。

笑容是让人
开心的最简单有效的方法

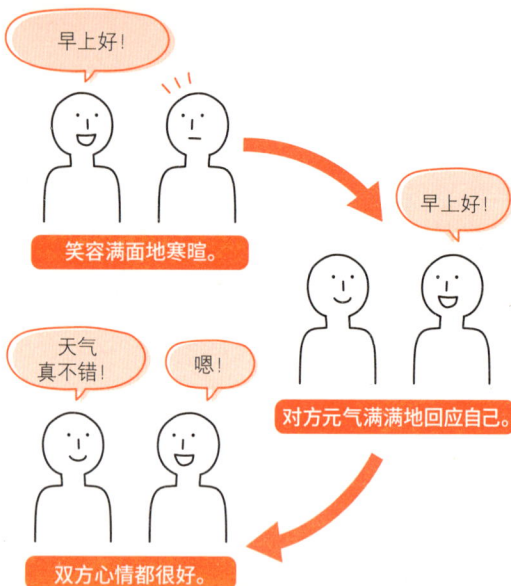

早上好！

笑容满面地寒暄。

早上好！

对方元气满满地回应自己。

天气
真不错！

嗯！

双方心情都很好。

练习微笑

① 咬住筷子
② 嘴角上扬，
保持30秒

3

即使自己没有错，
先道歉也没什么

> ★ 失败或做错事时马上道歉
> ★ 即使自己没有错也要先道歉
> ★ 你应该干脆地道歉，吃亏也是福

任何情况下坦诚道歉都很重要

谁都会有失败或做错事的时候，这种时候如果觉得自己有错就坦诚道歉吧!

例如，你和朋友约好一起吃饭，本来是打算准时去的，却搞错了时间，让朋友等了 30 分钟。

这时只要坦诚地说"我搞错时间了，对不起"，朋友也会一笑了之。

关键在于你不确定自己是否有错的时候，你认为自己没有搞错时间，而是朋友搞错了……

这种情况下，有的人就会先和朋友摆明"是你来早了"这个事实。

"是不是你记错约定的时间了？我的记事本上明明写着30 分钟之后啊！"

像这样，一定要争论出对错，摆出决不道歉的态度，势必会招来朋友的反击，也要和你理论一番。

即使自己没有错，先道歉也没什么。对朋友说"我迟到了，对不起"，然后再说"其实我记得约好的时间应该是30 分钟后……"这样做，也许两个人都不会烦躁。

学习大阪商人的思维

很多时候，人会向比自己年长或地位高的人道歉，却很难开口向比自己年龄小或地位低的人道歉。

特别是随着年龄的增长，"自己的知识、经历不断丰富，即使出错或失败也不想承认"的心理会越发强烈。

有时我们在街上会看到中老年人突然生气，很可能就是出于这样的原因。

我建议大家，这种时候最好像大阪商人一样考虑问题。

大阪商人很重视结果，他们思维灵活，无论过程如何，只要最终能挣钱就可以。

　　所以，如果觉得结果对自己有利的话，他们不会在意屈服，觉得"低头也没什么"，会马上向对方认错。

　　马上道歉，吃亏是福，这是让人远离不快情绪的明智之举。

> 即使自己没有错，也可以先道歉。

4

从喜欢的事开始做，
心情自然愉快

- ★ 从不喜欢的事开始做心情也会不好
- ★ 从喜欢的事开始做会比平时更有干劲
- ★ 从喜欢的事、擅长的事开始做就不会有精神压力

先吃喜欢的东西，
还是先吃不喜欢的东西

　　据说有种纠正孩子偏食的做法，就是让他先吃不喜欢的东西。例如："吃了柿子椒就可以吃你很喜欢的香肠哦！"这种战术是以喜欢的食物为诱饵。

　　但是这样做真的可以纠正偏食吗？

　　就算孩子勉强吃了柿子椒，也只是为了吃到香肠而忍耐，并没有克服对柿子椒的厌恶。

　　所以，人们对讨厌的东西一直喜欢不起来，而且大人还要担心孩子觉得"与其要吃很多讨厌的东西还不如不吃饭算了"。

我想，让孩子从喜欢的东西开始吃，这种饮食教育效果会不会更好呢？其实有一种吃法很有意思：首先问孩子在几种菜中"最喜欢哪种呢"，让他吃最喜欢的；接着问孩子在剩下的菜中"最喜欢哪种"，给他喜欢的东西——这样反复进行。

于是除了最后一个之外其余都成了他"最喜欢的东西"，孩子就会吃得津津有味。

从喜欢的事开始做

在工作上也是一样的，要做的工作开展不下去应该怎么办呢？

此时，如果对应该做的工作进行优先排序，首先做喜欢的，就能心情愉快而有效地推进工作。

如果从喜欢的事开始做起，就不会感到压力，会比平时更有干劲。以这个势头趁热打铁去做不擅长的、困难的工作，也会比预期做得更好。

脑科学方面的研究也证实了这一点。

通过影像诊断观看大脑血流，可以发现人在愉快地做某件事的时候，前额皮层的血流量增加，有提高思考力和记忆力的效果。

要愉快地做事，最好先从喜欢的事、擅长的事开始，这样就不会使自己不快。

从喜欢的事开始做，
会让人心情愉快。

做事的时候，尝试先从喜欢的事、擅长的事开始吧

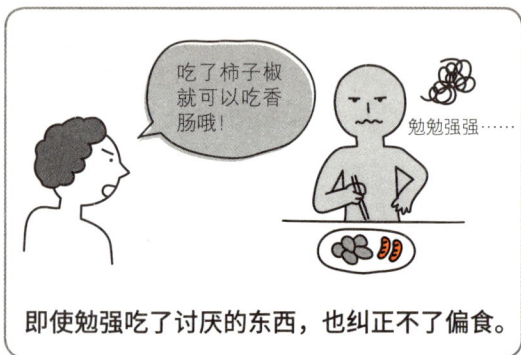

即使勉强吃了讨厌的东西，也纠正不了偏食。

从喜欢的东西开始吃，会吃得津津有味。

5 充分的休息可以使工作和人际交往更顺畅

> ★ 疲劳时勉强做事不会顺利
> ★ 充分休息可以恢复精力
> ★ 觉得很辛苦时休息一周吧

休息能使工作和人际交往顺利

带着一身疲惫加班到深夜，工作不会出成绩。不仅精神疲劳，还会搞垮身体。

据说日本电影大师黑泽明导演，在拍摄影片时基本不会加班。他说，如果工作人员和演员太辛苦的话拍不出好电影，所以他一般不会延长每天的固定拍摄时间。

想每天过得开心，休息好是非常重要的。

我每天都要保持 8 小时睡眠。特别是挑战新工作或困难的工作时，我会让大脑和身体充分休息后再去做，这样就能情绪稳定地推进工作。

其实休息对恋爱和人际交往也有着很重要的作用。我建议正在犹豫要不要向单恋对象告白的人先充分休息，

145

消除疲劳后再告白。

疲惫时告白一般不会成功。因为如果对方的反应和自己预想的不一样时，也许会无法应对，无法读懂对方的表情。疲惫还会让人看起来没有魅力。

干脆休息一周

感到力不从心时，或者觉得很累时，应该休息一周左右。请假休息一下，随心所欲地度过。

可以去海外旅行，也可以读书听音乐。如果什么都不想做的话，安静地待着也可以。

在森田疗法中，精神病患者刚入院治疗时，会有一周时间什么也不做。一周时间什么也不做，可以让患者体会到与焦虑的自己、不安的自己所不同的那个自己。

一周时间什么也不做，就不会感到不安和焦躁，会想做点事情，不安就会转变成欲望。

人有一种本能，在别人说"不许动"的时候会想动。唤起这种本能，会让心态变得积极。

觉得辛苦时休息一周吧！

干脆休息一周，
想行动的本能就会觉醒

好辛苦啊！

START

一天

好好休息

看书

两天

三天

听音乐

四天

五天

六天

想做点
事情了！

七天

GOAL

6

这一天能否开心度过，取决于早上的时间

> ★ 早上时间更自由
> ★ 早上是让心态积极的绝好时间
> ★ 要用好早上的时间，醒来时心情愉快很重要

早上这一时间段和情绪有着让人意想不到的关系

要保持情绪稳定，我最重视的就是早上这一时间段。

早上愉快地睁开眼睛，人会充满积极向上的正能量。如果能利用好这个时间段，让一天有个好的开始，就能愉快地度过一整天。

即使是非常忙碌的金融界人士或经营管理者，早上也可以过得舒适自在。跑步、冥想、实践呼吸法，为愉快地度过一天做好准备。

早上这个时间段的优势在于比较自由。

很多人在职场、学校都受到约束，自由的时间很有限。

而晚上身心俱疲，如果熬夜还会让第二天受到影响。但如果是早上的话，便可以不受任何人打扰专注做自己喜欢的事。

随着年龄的增长，我越来越体会到早上的魅力，因为早起不再感到痛苦。

我每天都悠闲自在地度过早上的时间，在这个过程中我注意到一个事实，就是早上的时间和一天的心情大有关系。

调整情绪，让心态积极

如何利用早上的时间基本上是个人的自由，但是我希望大家一定要注意"留出调整情绪的时间"。

即使前一天发生了不愉快的事，第二天早上也可以重新再来。因为早上一切才刚刚开始，人的情绪一般还很平静。

这时试着告诉自己："你要度过愉快充实的一天！"可以在心里默念，也可以大声说出来："今天这一天也好好度过吧。"

早上是调整情绪、让心态积极的绝好机会。要用好早上的时间，睡得好是大前提。

　　所以，要尽量减少喝酒到很晚或睡眠不足的情况。为了早上开始就有一个好的势头，调整生活节奏非常重要。

能否过得开心取决于早上。

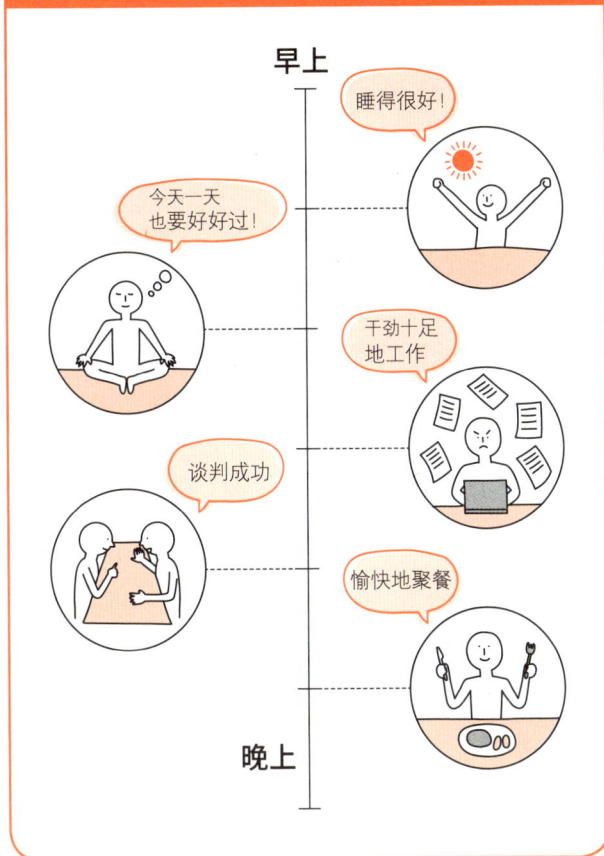

如果能从早上开始有个好势头，
就能度过充实的一天

早上

睡得很好！

今天一天
也要好好过！

干劲十足
地工作

谈判成功

愉快地聚餐

晚上

7

想要心情好起来，
就妥善覆盖不好的情绪吧

> ★ 即使是再不开心的事都可以忘记
> ★ 找到应该做的事，小事也可以
> ★ 集中精力去做，不愉快的记忆就会被淡忘

人有善忘的习性

　　人们通常认为，在有新的经历时大脑会将此前的内容覆盖。因为若不如此的话，它就无法处理新输入的庞杂的信息。

　　短短一天时间，眼睛看到的、耳朵听到的、手触摸到的、鼻子闻到的……会有多种多样的信息。

　　情绪也一样，一天之中并非固定不变，会随着不同时间段有所起伏，并非一成不变。

　　将如此庞杂的信息全部写入大脑中，原有的信息就会被覆盖，难以提取。

　　也就是说，从理论上说，无论多么不愉快的事，如果被新的信息覆盖后，不知不觉人们就想不起来了。

　　人因此才能够保持心理健康。

但是，我想还是有很多人很难抹去不愉快的记忆，总是会耿耿于怀。比起开心愉快的事，讨厌的事、悲伤的事更容易留在记忆里。

为什么呢？因为坏事更容易被想起。想要高兴就要妥善覆盖不好的记忆，使其难以被大脑提取。

准备很多小的 TO DO

要覆盖不好的记忆，请尝试找到应该做的事。

具体什么事都可以，在纸上按照优先顺序写出 TO DO，逐个做完。

这样就能集中于 TO DO，不知不觉中不好的记忆就会被淡忘。

不能马上找到 TO DO 的人，可以准备几个适合自己的心情转换法。

"打开家里的窗户""睡30分钟午觉""洗淋浴""煮咖啡""点燃香氛""做伸展体操"，等等，容易做的事最适合。

做点其他事心情会不可思议地好起来。

通过"覆盖"，忘记讨厌的记忆。

逐个做完，
覆盖不好的记忆

TO DO　　　　讨厌的记忆

○开窗
○喝咖啡
○洗淋浴
○购物
○洗衣服
○打扫卫生
○收拾整理

可以把应该做的事写出来，并逐一做完。

8 做才是得到，
让身体和心态都积极向上

- ★ 重复做一件事，人永远不会进步
- ★ 如果不行，马上放弃，寻找其他方法
- ★ 总之，先尝试行动起来，总会有所得

经验主义不会让人有任何进步

在单位的会议上，当一个人提出某些意见时，有人就会问"有成功的先例吗？"也就是说，他们认为"没有先例就不能做"。

与理论相比更重视成功的先例的人，你周围应该也有很多吧！

你是不是也不知不觉陷入了经验主义呢？

"我想换工作，但没看到有人离开我们公司后发展顺利的。"

"我想启动这样的新项目，但是过去有过类似的企划失败了。"

——像这样，应该很多人都有过因为没有先例而踌躇

的经历。

重复做同样的事不会使人有进步，不尝试是不会有结果的。

从一开始就片面断定"应该不行"，只能让自己吃亏。可以试着去做，如果不行的话再找其他方法。

付诸行动，总会有所得

只要不是不知天高地厚的挑战，都可以想到就去做。

很多人在日常生活中会有不少想法：

"在不是平时下车的站下车，走在小胡同里，也许可以发现很不错的店。"

"要是去看夜场棒球比赛的话，心情也会好吧！"

——有时会有这些想法在脑海里浮现。

但是有人不能把想法付诸行动，他们的做法很不值得提倡：

"中途下车如果什么都没有的话多浪费时间啊！"

"我们捧场的队如果输了多无聊啊！"

——如果这样想的话，他们就不会付诸行动。

我想对这些人说的是："无论如何先去做。"无论结果如何，行动就会有所得。

去了备受好评的拉面店，即使碰巧赶上店里休息，也可以和别人谈论这件事，或许还会发现其他好的店。

"无论如何先尝试去做"，可以让身体和心态都积极向上。

尝试做了，不行再放弃也不晚。

"总之先去做"
可以让身体和心态都积极向上

陷入经验主义的人

无论如何先尝试去做的人

9 和快乐的人在一起，
会给你带来幸运

> ★ 活跃气氛的积极分子决定团队的氛围
> ★ 和快乐的人在一起会不知不觉被感染
> ★ 接近快乐的人并多效仿他

决定团队氛围的人

我认为，职场的团队也好，爱好小组也罢，都有"幸运小组"和"不幸小组"之分。

当职场的"幸运小组"面对一项大的工作时，大家会通力合作完成工作任务，不断做出成绩。

当然，"幸运小组"也不可能一帆风顺，有时也会失败。但他们会从失败中得到启发，在接下来的工作中扬长避短，做出成绩，这样就会带着满足感努力工作。

当然，"不幸小组"并不是做什么都失败，却存在一个问题，那就是缺乏成就感。

即使工作进展顺利，他们也会对上司或同事不满，无法形成共享成就感的氛围。

两个组的差别主要是由团队核心人物的差别导致，也就是"可以活跃气氛的人"。他的情绪会潜移默化地感染团队，决定整体氛围。

接近快乐的人并效仿他

如果和能活跃气氛的人（快乐的人）在一起，自己不知不觉也会受到感染，积极地看待问题。任何时候都应乐观起来，积极进取。

幸运就会不知不觉地到来。

要效仿快乐的人，首先要积极接近他们。

不仅要接近，还要尽量多观察他们的行动，值得效仿的地方多去效仿。

奉行自己的"美学""讲究"的人，马上将这些抛开吧！越是优秀的人，越不会执拗于自己的立场，会老老实实向别人学习。

无论年龄、阅历如何，只要有比自己优秀、快乐的人，先尝试效仿他吧！

快乐会带来幸运。

效仿快乐的人
是让自己快乐的铁的法则

我也想和前辈一样！

心情调整练习④

问题1 不想让自己不开心
应该采取哪种态度?

绝不道歉!

A 如果自己没有错
决不低头

B 自己没有错也会道歉

非常抱歉!

- -

问题2 怎样才能比平时更有干劲?

从哪个开始呢?

A 从喜欢的事做起

喜欢的事

讨厌的事

B 先解决讨厌的事

- -

问题1 B　　问题2 A

答案

问题3　向单恋对象告白时哪种做法好?

我喜欢你!

A　很累也要尽早告白

B　充分休息，消除疲劳后告白

zzz···

问题4　要调整自己的情绪，应该怎样利用时间?

A　利用早上的时间

B　熬夜回顾一天的情况

闲待着……

要忘记不愉快的事哪种做法有效?

A 回忆不愉快的经历，并详细写下来

B 找点想做的事，并按照喜爱程度开始付诸实践

问题6 **怎样让自己更快乐?**

A 接近快乐的人并效仿他

B 向神祈祷让自己和快乐的人一样

答案

问题 6 A　　　问题 5 B

164

实践章

现在马上改变心情！

——和田式心情调节术

1

深呼吸 7 秒：
呼出自己的焦虑感

　　当人感到焦虑不安时，大脑供氧不足，人处于窒息状态，所以此时尝试有意识地向大脑输送氧气吧！

　　具体做法就是深呼吸 7 秒。打开窗户，或者去阳台，深深呼吸外面的新鲜空气。

　　有意识地向大脑输送新鲜空气很有效。记得要掌握要领，吐气的时候要把焦虑不安的情绪一并呼出。

呼出焦虑感，让心情舒畅！

呼出焦虑感的呼吸法

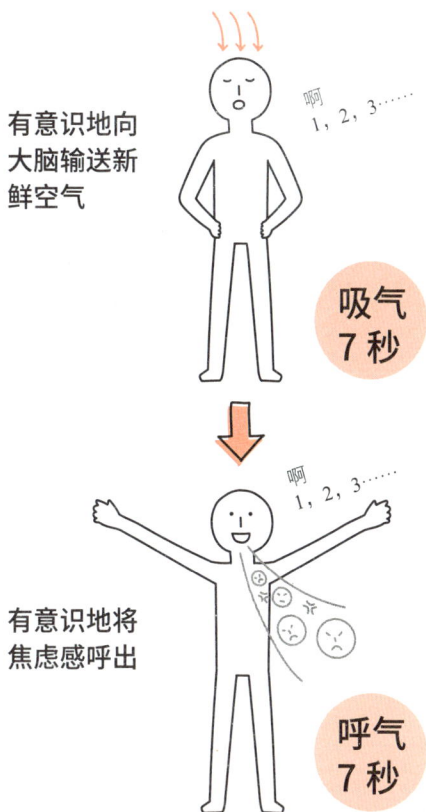

有意识地向
大脑输送新
鲜空气

啊
1, 2, 3……

吸气
7 秒

有意识地将
焦虑感呼出

啊
1, 2, 3……

呼气
7 秒

深呼吸让自己重新振作

2

把自己的所作所为和心情记下来：
发现自己的兴奋点

准备一个笔记本，试着详细记录自己一天都做了什么，心情如何。

"早上几点起床？起床时心情好吗？"

"吃早饭了吗？好吃吗？"

"上午做了什么工作呢？进展顺利吗？"

……

记录一周后检查一下笔记，便可以从中发现一些迹象——什么时候自己会高兴，什么时候会不高兴。然后，多做让自己高兴的事。

> 通过记录行为和心情，可以找到
> 让自己高兴的行为。

发现自己的兴奋点

·早上几点起床？
·早上吃了什么？
·上午做了什么工作？

尝试记录一天的行为和心情。

检查笔记！

一周后

找到自己高兴、不高兴时的典型情况。

zzz...

高兴

不高兴

多做让自己高兴的事

表扬别人：
实现共同进步的良性循环

人会毁谤别人是因为缺乏自信，想通过批判别人反衬自己的优秀。

快乐的人会积极地表扬别人，因为内心从容淡定，所以能够表扬别人。

与其在小酒馆批评上司和同事，还不如去寻找能互相表扬的人，这样不但可以使两个人共同进步，还可以把工作做好，内心也会更从容，还会习惯表扬别人，从而形成良性循环。

> **不要毁谤别人，养成表扬别人的习惯吧！**

尝试积极表扬别人

✗ 对自己没有信心，所以毁谤别人

> 上司真爱唠叨！

> 嗯，就是！

○ 内心从容淡定，所以能够表扬别人

> 好棒啊！

> 我哪有那么好呀！

互相表扬可以实现共同进步

尝试改变发型和服饰：
换个形象，心情也随之改变

改变发型和服饰不仅会让人有所改变，还会不可思议地让人产生自信，或让人考虑尝试一下没有做过的事。

尝试剪成利落的短发，或者把头发留长；尝试流行的服装，或换身利落的套装；改变妆容、佩戴饰品……有很多改变的方法。

人的外表改变时，周围人的反应也会发生变化，这或许会成为让你改变心情的契机。

改变外表，心情也会随之改变。

尝试改变形象

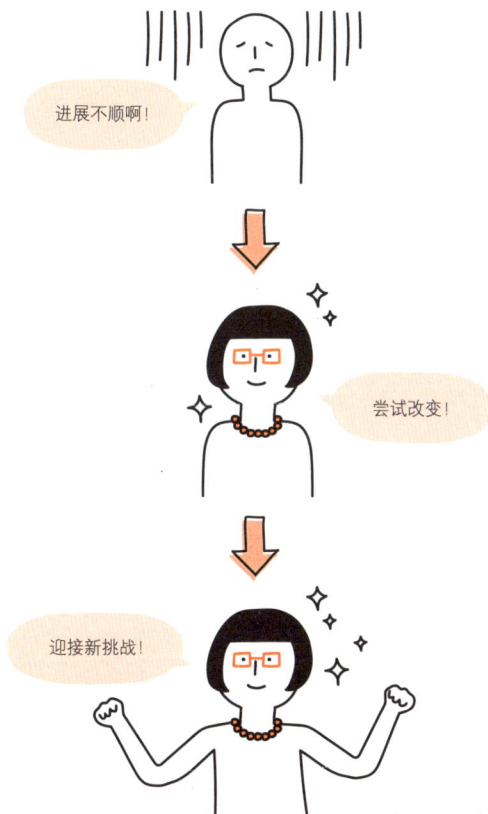

进展不顺啊！

尝试改变！

迎接新挑战！

改变发型和服饰也会让心情有所改变

吃甜食：
让人元气满满

　　吃甜食时，血糖含量会上升，有让人感到满足、恢复活力的效果。通过刺激胃，促进副交感神经工作，还有抑制焦虑感的作用。

　　吃甜食的时候，人的注意力放在吃上，就会慢慢冷静下来，哪怕不高兴时也能恢复平和的心态。

　　吃冰激凌、果子露也会让人变得冷静。

　　吃甜食会让人元气满满。

吃甜食会带来诸多好处

促进副交感神经工作

注意力集中在吃上

血糖含量上升

抑制焦虑情绪

情绪平稳

感到满足，恢复活力

我建议大家在不高兴时吃点甜食

重视阶段性大事：
营造生活的节奏感

重视生活中各种阶段性大事吧！大家一起欢度生日party、结婚纪念日、春节或圣诞节。

参加入学典礼或毕业典礼，入职或换工作，调动工作或升职，这些也都是人生中的重要事件。重视这些时间节点，会让生活有节奏感。

以此为契机改变想法，心情也会有所改变，开心的生活就此展开。

成年人更要重视阶段性大事。

重视阶段性大事

重视阶段性大事，营造生活的节奏感

郑重应对：赢得信任

对任何人都能郑重、诚实应对的人，很少会被卷入麻烦之中，也就很少会有不高兴的风险。

最不好的做法就是含糊不清地应答。如果有人拜托你做一项工作，做还是不做，什么时候做完，怎样推进，这些都要说清楚。

养成郑重应对的习惯，会得到周围人的信任，你自己也会高兴。

> 最好郑重明确地答复对方，不要含糊不清。

郑重明确地答复对方

郑重地应答可以避免麻烦

读"座右书"：
给自己打打鸡血

在你快要被不安压垮时、情绪低落不想动时，"座右书"可以支撑、鼓励你。

情绪不好时，读一会儿"座右书"，你头脑中讨厌的事或许就会不知不觉消失了。

如果你是商务人士，可以读城山三郎、藤泽周平等人的作品，把自己想象成书中出现的人物，引发内心的共鸣，鼓舞自己。请你一定要找一本来读读看。

> "座右书"没有标准答案，请你试着找一本适合自己的。

鼓舞自己的方法

快要被不安压垮时　情绪低落不想动时

这些时候

读"座右书"！

我也要加油！

"座右书"是鼓励自己的啦啦队

冷眼旁观：
和愤怒的自己保持距离

尝试在不高兴时把自己抽离出来，客观分析现实中的那个自己。例如，"唉，我一看到孩子把东西弄得乱七八糟的就会火冒三丈，想大声呵斥孩子……"

客观地看待自己，这种做法在心理学上称为"超认知"，是一种俯视自己的感觉。有这样的视角，就能冷静地和自己的怒气保持距离。

让另一个自己看着自己。

客观对待自己的情绪

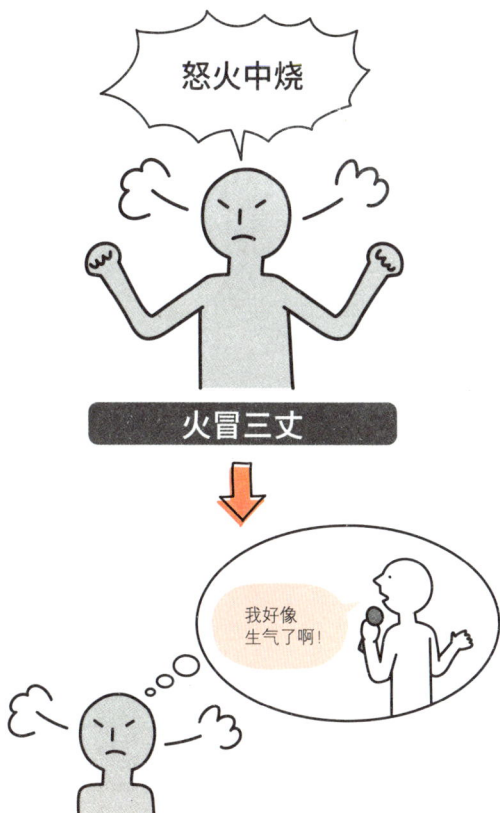

客观分析自己的情况，冷静下来

说"谢谢":
软化对方的态度

下属工作不主动，孩子不听话……在你对别人感到愤怒时，"谢谢"这句话会很有用。

自己先说"谢谢"吧，不是发自内心的也没有关系。

如果你先道谢，对方的态度也会转变，焦虑烦躁就会不可思议地被消除掉。

"谢谢"有时会改变当前状况。

不是发自内心也可以，尝试说"谢谢"

✗ 情绪反弹

你为什么不工作?!

我一直很努力啊!

○ 尝试说"谢谢"。

一直以来很感谢你。

哪里，有什么工作要我做吗?

感谢的话会让对方的态度改变

准备好替代方案：
保持从容淡定

人如果钻牛角尖，觉得"我只能这样"，进展不顺时就会失去平常心，可能会进退两难。

所以预先准备替代方案很重要——"还有另一种方法"：

"如果不能跳槽到这家公司的话，那家公司也可以。"

"如果不能结婚的话，买公寓自己住也是一个选择。"

考虑一些替代方案，人就可以更从容。

为了保持从容淡定，多考虑一些替代方案吧！

不执拗于一种方案

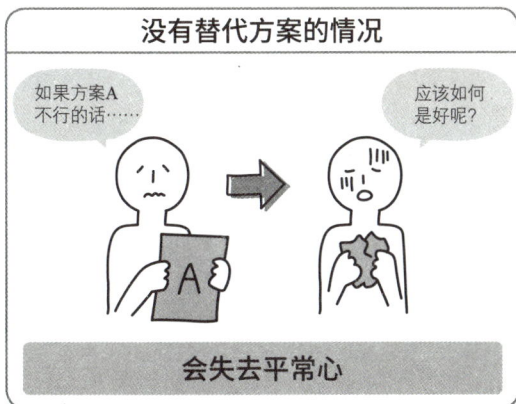

没有替代方案的情况

如果方案A不行的话……

应该如何是好呢？

A

会失去平常心

有替代方案的情况

如果方案A不行的话……

用B方案吧！

A

A

B

B

内心从容淡定

如果有替代方案，内心就会从容淡定

12

将错就错：
肯定现在的自己

当自己已经很努力却仍然进展不顺时，如果过于苛责会让自己情绪低落，并且越来越痛苦。

此时干脆将错就错也是一个办法，将错就错就是肯定现在的自己。

比如无法出人头地时，肯定自己"现状也挺好，这样就挺好"可以让你找到新的方向——"多在爱好上投入精力""珍惜和家人在一起的时间"，等等。

有时，与其举棋不定、情绪低落，不如将错就错。

有时将错就错可能更好

无法出人头地

我真没用。

这样也挺好。

重视爱好和家人吧！

肯定自己可以让你找到新的方向

13

优先考虑个人计划：
让自己重新振作

　　每天加班会导致精神压力增大，非常耗费精神，人怎么可能快乐呢？

　　对于这样的人来说，重要的是先改变生活节奏。和朋友吃饭、学点东西，将这些个人计划优先于工作写在记事本上。

　　在还不适应时也许会辛苦，但是慢慢地生活节奏就会发生变化，你也能重新振作，每天就会过得开心。

　　做自己想做的事会让你重新振作，给工作带来积极影响。

"首先"制订个人计划

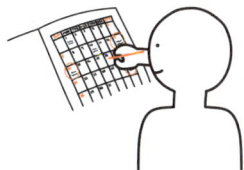

先制订个人计划

为赶得上做计划好的事，会努力工作

可以快乐度过每一天

做自己想做的事会让你重新振作

14

试着把烦恼写下来：
有针对性地调整现状

据说钢铁大王卡内基在工作和生活上烦恼缠身时，会思考一个问题——"我到底有多少烦恼呢"，然后，他试着将自己的烦恼一个一个写出来。

写到第 60 个时他就写不下去了，他觉得自己"再没有更多的烦恼了"。

我们烦恼的时候也可以这么做。如果试着写下来，你就会发现自己的烦恼充其量也就十来个。这种做法既能调整自己的现状，也能针对烦恼逐个考虑应对处理的方法。

> 尝试将烦恼写出来，你会发现你的烦恼比想象中的少。

如果有很多烦恼应该怎么做呢？

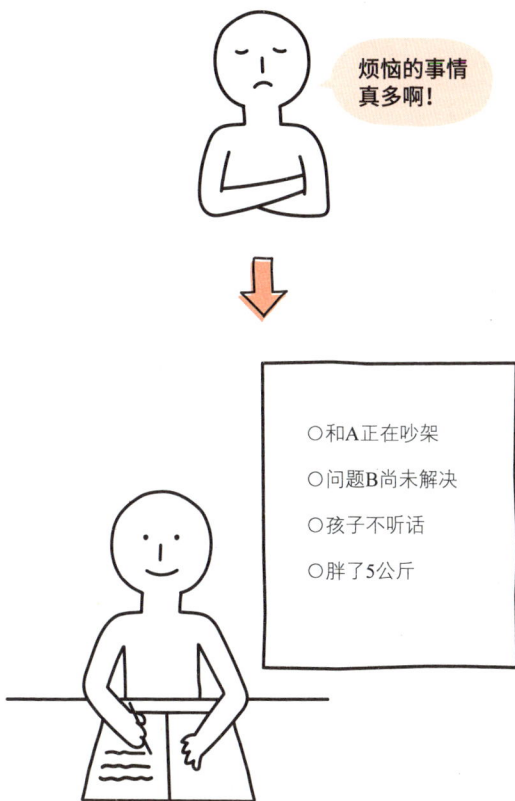

烦恼的事情
真多啊！

○和A正在吵架

○问题B尚未解决

○孩子不听话

○胖了5公斤

把烦恼写下来可以调整现状

心情
调节术

15

看事情的正面：
避免陷入消沉

我们在看一个问题时，要有意识地从正面看。

例如，你爱担心，就不要从负面看，一味否定自己，要多看自己积极优秀的一面。

如果想"自己连细节都会考虑到""能慎重地做事"，就不会轻易否定自己，也就不容易情绪低落了。看别人时也是一样，要看别人积极优秀的一面。

> 无论是看自己还是看别人，都不要从负面看，而要尝试从正面看。

着眼于好的地方

⭕ 看正面	❌ 看负面
会注意到细节	爱担心
可以理论联系实际	爱较真
认真	没有幽默感

看正面会让人积极向上

着眼于正面就不容易消沉

优先考虑自己的原则：
更好地适应环境

职场中经常有"不许比上司早走"等默认的规则。

但是默认的规则不是绝对正确的，有的和一般常识相违背，有的因组织和领导而异。

所以，对于默认的规则我们只要"大体遵守"即可。你可以经常优先考虑自己的原则。

为了能适应任何环境，要确立自己的原则。

经常优先考虑自己的原则

▶ 我的原则① 不喝酒

去喝酒吧！

我不喝酒。

▶ 我的原则② 尽量早回家

要走了吗？

我先告辞了。

▶ 我的原则③ 一个人看电影

去看电影吧！

对不起，我想一个人看电影。

默认的规则基本遵守即可

换位思考：保持冷静

当你对别人有烦躁情绪时，尝试把自己放在他的立场上考虑一下。

比如，有人认为"那个人接受最低生活保障就是钻空子"，那就想象一下如果是自己得了大病而且失业了会怎样呢？

任何人都会有因为事故或疾病无法工作的风险。考虑当事人的具体情况，会注意到很多问题。如果平时多考虑别人的立场，就能保持冷静。

换位思考可以让人保持冷静。

保持冷静

设身处地换位思考一下

◆ 结语

生活原本就是艰辛的，人有情绪也很正常，我们无法遏制情绪的产生。

我想读者读完本书应该已经明白了我的观点：我相信任何问题都有应对的技巧。

记忆、学习、工作，任何事情都一样，很多时候我们与其沿袭自己固有的做法，不如学习一些技巧后再做，会更顺利。

虽然我们无法遏制情绪的产生，但如果了解了大脑和心理的构造，学习一些应对的技巧，受情绪左右做出不当行为或者被情绪折磨的风险就会大大降低。

当然，情绪和情绪产生的模式都是因人而异的，所以没有一种能让所有人都顺利控制情绪的方法。

我想应该有很多人找到了自己的情绪控制法，对个人来说这可能是最好的方法。

但是对于没有找到方法的人来说，读一读本书，或许就会受到启发找到窍门，或者你也可以原样照搬尝试，找到自己"能用的"技巧，应该比什么都不做好得多。

所以，与其说本书是绝对正确的指南，我更希望读者把它作为找到控制情绪方法的启示录。

不要对自己的情绪过分恐慌，尝试一下本书提到的各种技巧。只要有一个方法用得顺手，也会让你在今后的生活中变得自信。

我以前曾经对复习进度停滞不前的考生就"考试即窍门"谈了技巧的重要性。同样，这里我想告诉读者，"情绪也是窍门"。

图书在版编目（CIP）数据

别让坏情绪，赶走好运气：超图解心情调节术 / （日）和田秀树著 ；蔡晓智译. —— 北京 ：北京联合出版公司，2017.8（2019.10重印）

ISBN 978-7-5596-0708-9

Ⅰ．①别… Ⅱ．①和… ②蔡… Ⅲ．①情绪－自我控制－通俗读物 Ⅳ．①B842.6-49

中国版本图书馆CIP数据核字(2017)第170663号

著作权合同登记 图字：01-2017-4913号

感情的にならない気持ちの整理術　ハンディ版　和田秀樹

"KANZYOUTEKI NI NARANAI KIMOCHI NO SEIRIZYUTSU　Handy Version"

Copyright © 2016 by Wada Hideki

Illustrations by Azusa Inobe, Jun Satou (ASLAN Editorial Studio)

Cartoons by Yoko Youko

Original Japanese edition published by Discover 21, Inc., Tokyo, Japan

Simplified Chinese edition is published by arrangement with Discover 21, Inc.

别让坏情绪，赶走好运气：超图解心情调节术

项目策划	紫图图书 ZITO®
丛书主编	黄利　监制　万夏
著　　者	[日]和田秀树
译　　者	蔡晓智
责任编辑	昝亚会　夏应鹏
营销支持	曹莉丽
版权支持	王秀荣
装帧设计	紫图装帧

北京联合出版公司出版

（北京市西城区德外大街83号楼9层　100088）

天津联城印刷有限公司印刷　新华书店经销

70千字　787毫米×1092毫米　1/32　7印张

2017年8月第1版　2019年10月第6次印刷

ISBN 978-7-5596-0708-9

定价：49.90元